LEADERSHIP

Successful approach
to enterprise management

企業管理的成功法則

管人高手22招

悟心◎編著

前言

在這個世界上，總有「管人者」與「被管者」，否則就會出麻煩、出差錯。這並不是說，惟有「管」才是最好的辦法，而是不得不選擇的招術。

企業領導者就是「管人者」，下屬就是「被管者」，如何才能管得有章有法，指揮若定；被管的人心甘情願，心悅誠服?顯然，這裏面暗藏玄機，非一般人所能操作。所以領導者才智的高低，就體現在一個「管」字上。

說到底，領導者的職責之一就是用好手中的權力，管好自己的下屬，共同爲實現企業目標而盡心盡力。

如果說用人顯示的是一個企業領導者的智慧和才幹，那麼管人顯示更多的則是一個企業領導者的權威和形象。領導無威則不立，沒有超越眾人之上的領導魅力，沒有高人一籌的管理手段，則無法一呼百應，更不可能使下屬保持對自己的忠誠。一個企業領導者無論是樹立權威，還是包裝自己的形象，都必須在「管」字上下功夫，練就一套「招數」，管好企業員工這個「群體」。

管有個「管」法，不是濫施權力，吆五喝六，指東畫西，讓下屬處處感受到一種恐懼感。如果你眞的把下屬管得一聲不吭、服服貼貼，並不見得是管好了人；說不定反而適得其反。在目前企業裏，員工的個性和獨立意識日益增強，尤其是那些受過高等教育的員工，管理的難度越來越大，對領導者的要求自然也就更高了。一個不會管人的領導者，一定會使企業的人事陷入混亂局面。這樣的領導者必敗無疑。

作爲企業領導者，你一定不想失敗，更不想失去權威。你更想擁有魔鬼般的領導魅力，讓每個下屬都用仰慕的眼光望著你，把你的每一句話都記在心裏，對你言聽計從，努力工作。不過，請你切記一點：管人不是爲了滿足權欲，而是爲了企業的前進。這就如同將軍在戰場上「管人」的最終目的不是有多少士兵俯首稱臣，而是如何贏得整個戰爭的勝利。

一個企業領導者如果連人都管不好，又從哪裡要利率、談效益呢？本書列舉了現代企業管理工作中常常出現的失誤和教訓，結合成功企業的管理經驗，爲企業領導者總結出22條管理高招，是企業管理的一面「明鏡」。有了這面「明鏡」，你可以在管理工作中避免犯一些別人常犯的錯誤，減少自己的漏洞，讓自己的工作更加得心應手，左右逢源。無視這些法則，將使你自蹈危機，永遠成不了贏家。

最後需要指出的是，書中的22招不僅僅專爲企業老闆而設，只要是胸懷理想，有志於成功的人士都可以從中獲益匪淺。舉一可以反三，觸類可以旁通；運用之妙，存乎一心。

掌握了書中的22招，可以使你——

更好地運用你的凝聚力和感召力

贏得一大批忠心耿耿的追隨者

控制人心，指揮若定

遊刃有餘地當一名成功的領導者

Table of Contents

目次

第一招

律己

能管好自己
才有可能管好別人

「公」與「私」是考驗企業領導者品性的利劍。公私能否涇渭分明是衡量企業領導者管理責任和立場的標誌。一個領導者是否真能做到公私分明、公正無私，恰好是對自己「私」字的嚴峻考驗。

當你控制住自己的私欲時，你自然就增加了公正的態度。同時，你就有權力向任何私利亮出公正的寶劍。

——美國經濟學大師卡爾・皮特魯

因私而害公

公私不分、假公濟私或欠缺公正的企業領導者，在下屬的心中不會具有威信。

「公」與「私」分指集體與個人兩種價值利益，形成矛盾關係。一般說來，每個人身上都有「公」與「私」兩種欲望，關鍵是要看你如何處理兩者的關係：公私兼營是錯誤的，大公無私是可能的；圓滿的做法是克己（私）奉公。但是由於人本身的需求層次，「公」與「私」常發生尖銳矛盾，而出現因私而害公的現象。從某種意義上說，企業裏的公私不分，是檢查領導者是否稱職的尺度之一。如果一位企業領導者混淆公私界線，必定會因私而害公，從而違背了「公私分明」的法則。

因此切忌假公濟私，而公私分明是一位企業領導者用權的標準，惟其如此，才能正己立身，才能管好下屬，否則，就會毫無威信完全掉進私欲的陷阱之中，終不能自拔，造成毀滅性打擊。公私分明，是自古已有的用權戒律。對一個企業的領導者或主管而言，公與私是不能同時滿足的，因私必然害公！

人一旦做了主管，自尊心就會隨之提高，常常會莫名其妙地感到自己被忽視，別人一說悄悄話，或在暗中商討事情，就會覺得很不是滋味，像某貨運公司的張科長就是這樣的。

「科長，請你在請示書上蓋章。」

「為什麼不事先和我商量？我根本就不知道這件事。」

「可是我現在不是來告訴你了嗎？」

「你早就自己決定了！可見你根本就不把我放在眼裏，我更不能蓋章了。」

像這種例子，屢見不鮮。的確，未經事先商討，對科長而言，可能是不太禮貌。但科長也大可不必因此心懷恨意，阻礙工作進行，於己何利？

不管是上司或下屬，對任何事情，都不能以「我不知道」或「我沒聽說」來作解釋或搪塞。尤其是作爲主管的，即使是眞的不知道，那也是你的疏忽，絕不能怪罪下屬。在平時，就應該多做調查，聽取下屬報告，或巡視各部門的工作現況，以瞭解他們實際的工作情形。不能掌握下屬行事的主管，是一個最差勁的主管。作爲企業領導者，像這種因私害公的情形最好不要在自己身上出現。

糊塗始於小事

要眞正做到公私分明，大事要堅持，小事也不能糊塗！否則，小事糊塗和大事糊塗在根本上並沒有什麼區別。

凡是只顧自己的新職員，常常會想：「上司是否已揩到油水？」或者是「他們占盡便宜，我大概只有吃虧的份吧！」有志做主管的人，應該要公私分明，甚至連一個信封也不要拿。

新職員對上司們所擁有的交際費，常常會產生懷疑。因此，拿交際費去和客戶應酬也應該有個限度，否則便會招致後進的懷疑。特別是在這不滿與懷疑充斥的社會裏，做一個企業領導者，只要有一點點不能公開向大家交代的地方，就無法獲得後進人員和下屬的心。

年輕人對領導者的日常事物都非常敏感。一旦發覺領導者有不廉潔的事。嘴裏雖然不說話，卻會牢記在心中。以後即使領導者跟他說一堆大道理，他也只會在心裏反駁或冷笑。總而言之，濫用交際費，或者在交易的物件身上花許多錢以達到目的的時代，已經過去了。而且對這種做法懷有反感的年輕人也越來越多。如果想要獲得這些後進人員的信任，就必須避免太過大方地使用交際費來進行公事上的應酬。

不管是爲了工作或者是爲了公司的客戶，只要一到飯店或酒吧等地出入，後進人員懷疑的眼光便會集中在他們身上。他們固然也會認爲這種上司很能幹，但還是覺得不能太信任他們。所以這種人雖然很擅長與外面的人交涉，但卻不能做個好主管。

此外，用公費去交際、喝酒，也是造成表裏不一的原因。還有，用公家的電話閒聊私事，或者寫私人信件時貼上公家的郵票等等，這些小事都能慢慢使人對你的好印象變壞。

也許有人會說：「水至清則無魚。」人太清廉自守，周圍的人便不會來親近你。但是在現代，由於「佔便宜」的人很多，而「不佔便宜便是吃虧」的想法也蔓延很廣，因此能堅持維持清廉的人，才更能贏得大家的信任。所以，「水清無魚」又何妨？在這個時代，能與眾不同的散發出廉潔的芬芳，才是最重要的，也只有這樣才能贏得後進的信任。

在現代的社會，用來獲得別人信賴的，究竟是什麼呢？是手腕嗎？經歷嗎？請人家喝一杯嗎？這對價值觀多元化的後進人員而言，是很難弄清楚的。但是如果你能保持清廉，便會帶給你意想不到的力量，而成爲後進人員對你心服的原動力。所以你用的手腕和力量都必須清廉、堅固，才會成功。如果不乾不淨的話，一切都等於零。而你的經歷中如果稍有貪私的地方，便會使人覺得一無是處。

我國自古便強調廉潔的重要。做一個領導者，一定要戒貪，即使只是一個小小的主管，也仍是領導者。以往的社會，對才能和手腕非常重視，但在日後，清廉自守是更重要的條件。

公私分明，應當從小事做起。

安置「寵物」的後果

公私不分的領導者，往往有安置心腹的習慣。這種心腹，類似小姐太太們的小寵物。「寵物」顧名思義，表示領導者對他們關愛有加。這樣的做法，一定就會激起其他下屬的不滿情緒。領導者對待下屬絕對要「公正無私」。無論何時何地，都應當捫心自問：「我現在公平嗎？」

一位主管曾說過這樣的話：「不憂慮匱乏，而憂慮不平等。」即使薪水少、工作繁重，但若你對下屬都很公平，是不會引起眾人不滿的。因不公平而引發的反彈非常強烈，這種不滿的情緒，也可能爆發成衝突。因此，絕對不可使下屬認為「自己的上司不公平。」

首先，應當注意的是情感的因素。例如：你很喜歡林某，不論林某做什麼，你都想要獎勵他；相反地，李某實在不討人喜歡，甚至於連看他一眼都覺得厭煩……，若你以私人情感來開展工作，就大錯特錯。

有些人喜歡在自己周圍安置一些像寵物般的下屬，若你也是如此，那在不久的將來，你的「寵物」有可能會反咬你一口。

假設你打算拜訪一位客戶，「寵物」陳某一知情，便立刻打電話給對方，並與其約定時間。同時，也為你整理好和客戶商談生意時所需的一切資料。如果你需出差至稍微遠一點的地方，他也會小至交通工具，大至預訂旅社，一件不漏地為你準備妥當。或許他會幫你提公事包，送你到月臺，最後，在火車進站時行個敬禮，說聲：「經理，慢走。」目送你遠去。如果工作進行順利，陳某會奉承地說：「不愧是經理，佩服！佩服！」並為你舉辦慶功宴；反之，若不幸未達成任務，則他又會安慰你：「一切都是對方不好，不要太在意，機會還很多。」如果能擁有這樣事事為自己效勞的下屬，那公司也算是一個愉快的地方！

但是，日照之處必有陰影。在阿諛奉承之中，你會失去挫折、失意，以及後悔的機會。同時，你也無法從失敗中獲得東山再起的勇氣與決心。甚至還有更可怕的事情。你喜歡陳某，袒護他，對他推心置腹，完全聽信於他。不久，他會洩漏你的重要機密，提供你不實的情報，而你卻毫無疑心。——最後，你會是何種結局？不必說，你也很明白！總之，「寵物」帶給你的快樂，有天必定會轉變成痛苦。

不要親此疏彼

親此疏彼在生活中本是很正常的事，但作爲領導者在工作中卻絕不允許，否則就會公私不分，或因私而害公。

心理愈不成熟的人，愈喜歡憑自己的直覺、印象來判斷別人的好壞，而弄得自己不愉快！能夠不隨便劃分哪些是你喜歡的人，哪些是你討厭的人，才能與每個同事愉快的共事。

我們常常可以看到有一種人，嘴邊老是嘀咕著：「不管怎麼說，我都無法對那人產生好感！」或者認定自己與某一類型的人命理相剋。因爲你無法永遠躲避這些人，也不能任意表達你的好惡，唯一的辦法，只有使他能夠儘量與你站在同一立場。

人，說起來也是不可思議的。一個謹愼的人，交朋友的時候會相當地小心，可是製造敵人的時候，卻不一定如此。只要脫口而出：「我實在討厭那個人。」很快地，這句話傳到別人的耳裏，就會增添許多不必要的麻煩。

目前，可成爲主管候選人的人實在太多了，因此，假使你是一個不擅長處理人際關係的人，頂多是被派到自己所專長的部門裏去，無法成爲一個主管。因爲一個主管者，是需要有多種才華，又能公平對待下屬的人。

關懷下屬，可增加其歸屬感；但是過分關懷，則是感情用事。例如因爲同情一位失戀的下屬，而將其工作量轉移到其他下屬之上；美其名爲體諒前者，卻對後者極不公平，影響後者的工作情緒。

此外，聽下屬細述不快事，以爲可以使他們宣洩情緒，但是不懂得控制場面，反而會使對方愈說愈不安。有時候，下屬的家庭有問題，脾氣暴躁；作爲上司者應在聆聽他的傾訴後，做出適當的安慰已經足夠。千萬不要因此在行動上做出遷就，使對方得寸進尺。否則他會漠視你上司的身份，忽視你指派的工作，以爲自己有了一道「免死金牌」，「奉旨」拖延。在私人時間，上司和下屬之間可以存在友情，但在工作上，必須公私分明，一視同仁。

無私方能無畏

相信每個人在工作崗位上，都會對下屬採取公平的處理。但是，什麼是「公平」呢？假設現在你手中有一件難度頗高的任務，你想讓哪位下屬完成較好？

如果讓優秀的林某完成，他應該會快速、有效地完成任務。但是目前林某手中有多項任務正在進行，每天都工作到深夜。如果將這件困難的工作分配給最空閒的趙某，從工作分配的平衡度來看，這是最妥當的。但是，趙某的行動遲緩、錯誤百出，有時甚至無法完成任務。但如果是分配給陳某，他雖然會著手去做，不過卻會令人感到不愉快。所以，你應該命令誰去完成才公平？

相反的，如果現在你手中有一件非常輕鬆的工作，它只需要花費一點時間、精力，便會立即顯現出成果。而且，這件工作深受公司上下的矚目，若完成了任務，還有機會接受董事長的特別表彰。此時，你應當選擇哪一位去完成，才算是最公平的呢？

實際上，這並不是一個很容易回答的問題。是分配每位下屬相同的任務公平呢？還是賦予優秀者困難的課題，給予能力差的下屬簡單的任務公平？此時下判斷的要訣是無私，亦即不可考慮自己的利益所在。千萬不要因爲工作輕鬆又可獲得利益，便想掠奪過來，企圖自己做。

當遇到困難的工作，若內心存在著「如果林某做得完善，我也可以樂得輕鬆。」「或讓陳某去做，我只要指出他的缺點，就可以受到大家尊敬。」「即使趙某未能完成任務，上司也一定會讚揚我大膽啓用他的勇氣。」這樣的念頭，都會使下屬對你的信心大減。因爲你的企圖很容易被下屬看穿。不論何時，由上往下看，往往不太能知道實情。然而，由下往上看，卻大致能正確地瞭解一切。

除了上述的方法，尚有幾個判斷的標準。

就公司的利益而言，林某是最適當的人選。但是，如果顧慮自己組員的士氣和管理，則以陳某較妥當。若你大膽地選用趙某並建立其信心則是不同尋常。是要考慮公司、小組，還是下屬？此時，你必須從工作的重要性、緊急性加以綜合判斷，在判斷的過程中，絕不可摻雜絲毫的自我利益。

公平、無私——這就是用人的原則。但是，只靠嘴巴講是無法解決任何問題的。例如：蔣先生意氣風發、精力充沛，你想使他累積各種經驗，爲將來升任幹部作準備，因此希望他負責這件工作。另一名候補者宋先生，他在工作上雖然無任何缺點，但是他的個性消極，無法期待他能朝著更高的層次發展。而宋先生身爲資歷較深的員工，依照常理應當由他負責這項任務。如果你捨棄宋先生而選擇蔣先生，組內很可能會產生反抗。遇到類似的情況時，應該如何處理？

結論是你必須分配給蔣先生。這並不表示你對某一特定人物的偏袒，也不是顧慮自己的利益而做的決定。這是一個從工作大局，甚至可說是從公司的未來發展情況而做出的考慮，所以你可以光明磊落地著手去做。但是，在你歸納結論的同時，你必須妥善處理組員之間的爭執，安撫宋先生的情緒。從這層意義來看，你是選擇了艱難的道路。

一個指導下屬的主管，必須經常關懷弱者。然而，付出過多的關懷亦於事無補。若你感情用事地認爲：「我這次捨棄宋先生而讓蔣先生負責，因此，宋先生值得同情，我對不起他。」往後你很容易會過於照顧宋先生。如果這種情況重複發生，最後，你將會在意得失的平衡，而無法控制整體了。

第二招

信用

不能兌現就不要許諾
否則會聲名狼籍

如果把企業領導者的威信比喻成一根權杖的話，有信譽的權杖像爭光發亮的利劍；而沒有信譽的權杖則黯淡無光，像一根生銹的鐵棍，領導者如何能拿它來指揮下屬呢？

不守信用的人如同酩酊大醉的酒鬼，滿嘴都是胡言亂語。這樣的人最後只能引來懷疑和嘲笑。即使他清醒過來，也不會有太大的改變。

——日本管理學家秋尾森田

朝令夕改，自毀其譽

信用是企業領導者有效管理的人格保證。人無信則不立，作爲領導者更是如此。

大多數上司在工作中常犯的錯誤之一就是朝令夕改，言行不一，失信於下屬。這樣的上司，無論多麼有能力，也無法管好他的下屬。我們都知道「朝三暮四」的寓言，那是主人要弄猴子的遊戲；但是企業領導者千萬不能用這種辦法得過且過，否則會失信於眾，難以開展工作。

對於一個領導者來說，有時他的信譽甚至比他的能力更重要。

從心理學上分析，**守信的重要性在於它關係到下屬對領導者的期望**。領導者一言既出，承諾了一件事，下屬即對領導者產生了期望。如果承諾不能兌現。下屬便會厭惡，隨之領導者也就失去了影響力。因此，西方著名管理學家帕金森說：「關係到一個人未來前途的許諾是一件極爲嚴肅的事情，它將在多年中被一字一句地牢牢記住。」因此，領導者絕不要應允任何自己不能兌現的事，並確實使所有的人都認識到，你是這樣一個人：不放空炮，從不許諾任何不能兌現的事。所以，作爲一個領導者、上司，無論如何也不能失信於自己的下屬！

不亂開「空頭支票」

對於一個主管而言，空頭支票絕不能開，一是失去章法，二是失信於人。

某外貿公司的年輕主管杜先生，很想將公司的人事變遷問題解決，於是就向公司人事部門提出種種申請。當他每一次出差到總公司去時，就向人事主任或科長如此地說：「我那邊的人已調出去四年了，請你今年把他調回來。」「小張因八年來，長時間都在同一單位工作，一步也未曾離開，是否把他調升到其他地方較好！」「小龔這人很明顯的不適合做調查工作，假如不早日將他調到別的部門，無論對他本身或周圍的人，都是一種很大的負擔。」

每一次他提出這些問題時，人事主管或科長都會回答他說：「是這樣啊！曉得了，我可以考慮一下。」或「我可以和上司商量一下，以後再說好了。」就這樣，總是無法給他一個明確的答覆。

一年、兩年很快地過去了，而人事變動所做到的，只是申請中的一些人而已。杜先生遂想盡各種辦法，通過廠長向總公司的常務董事提出報告。常務董事聽後說：「原來是這樣，我曉得了。我會好好安排，去讓人事主任辦妥此事。」

杜先生從廠長處聽到此消息後，非常高興，以為人事問題即將解決，遂轉告下屬「再忍耐一段時期」，下屬也都與奮地期待著。好不容易熬過三個月，卻毫無動靜，到了第六個月，才有了人事調動，不過，只有三名而已。到此，下屬對杜先生的不信任感，愈加強烈了。

其實，杜先生確實做了很大的努力，而其下屬仍不免在背後批評他：「杜先生只是爲了獲得我們歡心，便如此亂開支票，說可調升我們的職位，而事實上卻沒有結果。跟這種人一起工作，有什麼意思？」可憐！錯並非在杜先生本身，由於他急於解決問題，卻又處理不當，徒然惹來這些非議。

一般地說，當主管聽到下屬請求時，往往認爲事情頗易實現，便一口答允，而不詳加考慮各種情況。事後，由於情況變化，或本身判斷錯誤，以致發生執行上的困難，而失信於下屬。此時，唯一的解決之道即是——道歉。

勇敢地告訴下屬：「對不起！是我估計錯誤，我實在很想幫你忙，只是情況不允許。」如此，下屬必能釋懷。可惜，大半主管都不願意認錯，而佯裝不知道。如此一來，下屬會更加輕視他，反感他也是理所當然的。

事實上，凡是那些喜歡開空頭支票的主管、上司，結果無一例外是眾叛親離！

慎勿「毀約」

毀約，相當於說謊。對下屬說謊，無異於在下屬面前翻臉不認賬，自毀形象！因此，主管對於下屬有一件事絕對要避免，那就是「毀約」。下屬對主管感到不滿的，通常是因說謊占絕大多數。

實際上，經過仔細推敲之後發現，有許多主管愛說謊言，多半是迫不得已的：雖然主管內心並不想說謊，但由於各種因素，造成主管無法履行約定；也有上司本身瞭解眞情，說出來的時機還不成熟，但是下屬並不瞭解整個事件的性質；還有的是因爲上司發生了誤會，記錯、說錯或聽錯而造成的。即使如此，上司也不能輕率地處理此事。上司應該堅守一項原則——我絕不對下屬說謊。

實際上，下屬信賴上司的程度，多半超過上司的想像。因此，一旦下屬認爲「我被騙了」，他對你所產生的憤怒是無法估量的。如果你能做到平時不疏忽、不說謊，就恰如其分了。

在工作崗位上，如果你必須說謊時，最好在事後找個機會說明事實。但說明不能只是一個藉口。畢竟對方因爲你的謊言而陷於不利的處境，或遭遇不愉快的事情。因此，你應先對你的謊言誠懇地道歉，然後再加以補充說明。

如果對方能夠瞭解你的用心，是最好不過了。但是，有時對方仍舊會心存介蒂。遇到這種情形，你能做的也只是告訴他實情而已，因爲這種事有時候要過很久之後，才能得到對方的諒解，也許你永遠都不會被諒解。雖然一直被別人誤解並不好受，但這也無可奈何。你必須克服這種傷痛，並且去接受和理解它，這樣你的胸襟才能更加寬闊。

偶爾你可能碰到原先認爲可以完成的任務卻突然失敗的情形，因而無法履行和下屬的約定。此時，你應該儘早向對方說明事情的原委，並且向他道歉。若你說不出口，而又沒有尋求解決之道，事態將變得更嚴重。

道歉的訣竅在於尊重對方的立場。一開始你必須表示出你的誠意，若你只是一味地爲自己辯解，企圖掩飾自己的過失，只會招致嚴重的後果。一旦說謊的惡名傳開來，就很難磨滅掉；必須花費相當長的一段時間，才能將此惡名根除。

如果因爲考慮欠周或誤解，自己就應負起責任。但若是因爲言語上的疏忽或誤會而被指責是說謊，則是一件令人懊悔的事。若你曾有過上述經驗，就更要注意不再重蹈覆轍。在措詞、態度上都不可掉以輕心。

某家公司的科長在計畫書上批上「同意」後交給下屬。然而，由於科長寫得相當潦草，拿到這份計畫書的新職員並不清楚這位科長寫字的習慣，他將「同意」看成「不行」，計畫因此中斷。當然，這位科長要負起大部分的責任。在另一家公司，某位下屬對上司說：「我想改變銷售策略，可以嗎？」上司回答：「（不變也）可以！」科長並未說出括弧中的字，因此，聽成「可以」的下屬，以為自己的提案已獲准，而迅速著手進行。結果，業務部門引發了一場大混亂。

下屬通常相當留意上司的小動作，如點頭、搖頭並企圖從小動作中得到啓示。因此你必須留意，避免發出一些曖昧不清的信號。

說謊對於一般人尚且不能原諒，何況是作爲下屬表率的領導者？

不要忘記你曾說過的話

作爲一個公司領導者，記性一定要好，既要記得下屬的名字，更要記得曾對下屬說過的每一句話。切記不要忘記你曾說過的話，否則你將失去領導者的信譽！

領導者的信譽是一種巨大無比的影響力，也是一種無形的財富。領導者如果能贏得下屬們的信任，眾人自然就會無怨無悔的服從他、跟隨他。反之，如果經常言而無信、出爾反爾、表裏不一，別人就會懷疑他所說的每一句話，所做的每一件事。日本經營之神松下幸之助說過：「想要使下屬相信自己，並非一朝一夕所能做到的。你必須經過一段漫長的時間，兑現所承諾的每一件事，誠心誠意地做事，讓人無可挑剔，才能慢慢地培養出信用。」

假如你要增進更多的領導魅力，必須努力做好一件事：讓你的夥伴稱讚你是一位言行如一的人。

如果一位主管，在他下屬的心目中是一位完全値得信賴的人，那他一定是一位成功的領導者。在領導與改革方面研究最有成效的管理學大師華倫・班尼斯所作的一項研究結果發現，人們寧可跟隨他們可以信賴的人，即使這個人的意見與他們不合，也不願意去跟隨意見與他相合，卻經常改變立場的人。

前後一致與專心致志是人成功的兩大因素。班尼斯所稱的前後一致，就是指領導人要言行一致，讓人覺得足以信賴。如何讓人覺得你言行如一，値得信賴呢？以下有五個具體可行的途徑，作爲領導者的你必須遵守：

①目標一致：領導人的一言一行，從各方面所傳達出來的訊息，跟整個組織的目標以及溝通管理上的工夫，都必須有著極為密切的關係。

②言行一致：領導人的行為應該要和自己公開説過的話一致。

③風格一致：領導人的溝通方式應力求直接、坦誠，儘量鼓勵他的下屬們發表意見。

④前提一致：領導人認為重要的人和事，就應該重視他們。比方説員工和其他

組織的主要成員就應該比外界人士先得到第一手資料。

⑤角色一致：領導人應該是一個組織的最高溝通主管，也是主要事務的發言人。不管是對內或對外溝通，都不該假手他人。

你希望百分之百贏得信賴和效忠嗎？建議你必須眞誠、表裏一致，時時刻刻爲團體示範出你是個值得信賴的好主管。

此外，領導人必須投注更多的時間，長期的培養自己的信用，並小心維護自己的聲譽。好事不出門，壞事傳千里。你必須更加謹言愼行，一次失信就可能會造成永遠無法彌補的致命傷，因此想建立你個人的信用，提高信譽，你必須注意不要犯錯，甚至要達到永不犯錯的地步。

主管們都應當謹記在心：信賴爲成功領導者的寶貴資產。並且你要經常問自己：「下屬到底有多信賴我？」然後，設法提高別人對你的信賴感。

建立信譽，應從你曾說過的每一句話開始，從你的每一個行動開始，做到言行一致，誠信待人。只有這樣，才能使下屬感受到自己的領導是讓人信賴的，才能引發更強的責任感。因此，一名善於管理下屬的企業領導，應當以信爲本，切忌說謊。

一諾千金

信守諾言是管理者的生命。假如你想贏得卓越的駕馭下屬的能力，就必須做到言必行、行必果，你的話必須一諾千金。要確保說話一諾千金，心中要牢記下面四點：

①不要承諾尚在討論中的公司決定和方案。

②不要承諾你辦不到的事。

③不要做出自己無力貫徹的決定。

④不要發布你不能執行的命令。

不誠實，你就不可能成爲別人學習的榜樣。誠實，才能贏得別人的信任，是一種高尚道德的表現。誠實，意味著人格的正直，講實話，胸懷坦蕩而且眞摯可信。下面的五項指導原則，它們會幫助你發展高水準的誠實品質：

①任何時候做任何事都要以真摯為本。

②說話做事都力求正確。

③你在任何文件上的簽字都是你對那個文件名譽的保證，相當於你在個人支票、信件、備忘錄或者報告上的簽字。

④對你認為是正確的事要給予支援，有勇氣承擔因自己的失誤而造成的惡果。

任何時候都不能降低自己的標準，不能出賣自己的原則，不能欺騙自己。

⑤永遠把義務和榮譽放在首位。如果你不想冒放棄原則的風險，那你就必須把你的責任感和個人榮譽放到高於一切的位置上。

假如你能抓住、理解並實踐責任和榮譽的重要性，你不但能發展你誠實的個人品質，而且也能做到一諾千金。另外，還有八點技巧供你參考：

①知道什麼該說，什麼不該說。
②知道向不同的對象講話方式也不一樣。
③知道在不同的場合講話方式也不一樣。
④知道講話的技巧，不求刻板。
⑤知道講話要有餘地，而不要一下把話說死。
⑥知道講話不是憑直覺，而是憑理性。
⑦知道把話說到什麼程度最合適。
⑧知道說過的話，就要算數。

一諾千金不要只停留在口頭上，而必須付諸行動！言行不一，欺騙下屬，是管理者必須克服的毛病，否則，管理者會自食苦果，毀於一旦！

第三招

魅力

人們喜歡爲他們喜歡的人做事

上帝之所以成為上帝，是因為他頭上的那道光環——象徵著他的萬能、仁慈和神聖。企業領導者之所以成為領導者，也是因為他頭上的那道光環——象徵著他的能力、學識、品德和風度。

當一個人承擔了某一項職務角色後，他的職責、他的權威、有時包括他的姿態和服裝，都將被固定下來。

——法國行為科學家P·希斯

用魅力影響下屬

有人用「領導＝實力＋魅力」來概括現代企業管理的特徵，表示實力與魅力是構成領導能力的因素。其實，我們總是強調，領導者的能力比什麼都重要，其實未必盡然。要成爲一個優秀的領導者，除了擁有超群的實力，還需要擁有非凡的領導氣質。這種領袖氣質，我們通常稱之爲魅力。

領導者，其實就是把魅力發揮到極致，影響他人合作，從而實現目標的一種身份，正如印度聖雄甘地說：「領導者就是以身作則來影響他人。」

一個人之所以爲他的主管或公司賣力工作，絕大多數的原因，是主管擁有個人魅力——像磁鐵般征服了大家的心，激勵大家勇往直前。曾經聽到一位下屬推崇他的主管說：「你和他在一起待上一分鐘，你就能感受到他渾身散發出來的光和熱，我之所以賣命努力，乃是因爲他本身有一股強大的魅力，深深吸引我。」

帶人要帶心，做一位成功的領導者，除非我們具備了相當程度的魅力與影響力，否則，是很難實現領導統御的第一個課題：贏得下屬的信賴和忠心。

有位頗具成效的企業領導人在研討會裏，曾單刀直入告訴職員：「在現實世界裏，眾所皆知的一流管理者，無一例外地每一位都具有一種罕見的人格特質，他們處處展現出魅力領袖的風範。他們不但能激發下屬們的工作意願，又具有高超的溝通能力，動之以情，曉之以理，渾身散發出熱烈的吸引力，更重要的是，他們帶領團隊屢創佳績，擁有一連串傲人的輝煌成就。運用獎賞力與強制力來管理也許有效，但是如果你要提高自己的領導魅力，贏得眾人的尊重和喜愛，我建議你們要盡最大的努力去影響和爭取下屬的心。假如你們之一誰能做到這點，誰就能成為一位成功的領導人，而且也可能完成許多不可能完成的任務。」

優秀的領導才能，特別是個人的魅力或影響力，這比他的職位高低和提供優越的薪資、福利來得重要許多。它才是眞正促使人們發揮最大潛力，實現任何計畫、目標的魔杖。

主管們需要更多的是令人懾服的魅力，不是令人生畏的權力，而是否擁有這種魅力，正是一個領導者或主管能否成功的關鍵！

失去魅力，離心離德

正是由於魅力對於領導者是如此重要，一旦失去了它，便會給下屬產生離心作用，從而使人心渙散，工作混亂。

成功的領導者，的確不在於一位主管的職位和權勢，絕大部分取決他有沒有具備迥異於人，並足以吸引追隨者的魅力。在一本名爲《領導藝術》的書中，作者也提到了相當類似的主張：除非激發了一個人的工作動機，否則很難讓人願意追隨你。

同時作者也毫不留情地指出：百分之九十的領導人，將工作保障、高薪和福利好（這都是根據主管職位的高低、權力的多寡可以控制的因素）視之爲影響員工工作動機的最重要因素，是值得懷疑的。作者進一步指出，在員工的心目中，比上述更重要的因素還多得多，意指主管本身要擁有令人信服的領導魅力，才有辦法讓員工跟著你走。因此，我們更可以確信：人們會不會願意跟隨你，要看你是否有強大的魅力，而非權力。

如果我們希望成爲一位更具魅力的領導者，我們現在第一件要做的事情，就是趕緊培養，發展一項吸引追隨者的超凡特質，但你必須先懂得如何激發他們的追隨動機。

我們建議領導者如果能確實做到下列四件事情，就會讓你具備與眾不同的魅力，**激發下屬的追隨動機：**

①使別人感到他重要。每個人都希望受到重視，你要設法讓下屬感到本身很重要，並竭盡所能滿足他們的這項要求。

②推動你的遠見、目標，並說服下屬相信你的目標是值得全心投入的。

③想要別人怎樣待你，你就這樣對待別人。你想讓別人追隨你，你要關心他

們，公平對待他們，將他們的福利放在你的眼前。

④為你自己的行為負責，也要為你下屬的行為負責。千萬不要將責任推給別人，你應將「這全是我的錯，不能怪任何人。」常記在心中。

當你激發了下屬的追隨動機之後，你還必須確實做到下面三點，才能更進一步展現令人懾服的「魅力」，有效吸引下屬爲你赴湯蹈火，讓他一輩子永遠跟隨著你：

⑤揚善懲惡，是非分明。

⑥做一個前後一致的人。

⑦注意別人，也讓別人注意你。

事實顯示，有八〇%的主管很難做到以上七點，結果造成員工們離心離德，大夥兒怨聲載道，工作成效無法大幅度的提高，這種現象值得注意和警惕。但與其提高警惕，領導者還不如主動發揮個人的魅力，使自己獲得這種令下屬懾服的吸引力。

氣質不是招牌

如果你想成爲一個強而有力的領導者，你就必須具有做出正確而及時的決策的能力。當你有能力做出正確而及時的決策的時候，人們就會相信你，就會對你充滿信心，就會積極地為你盡力做事。

在發布命令的時候，要保證你的話容易讓人聽明白。至於你是採用口頭宣佈還是採用書面宣布，那要取決於是什麼事情，也要看這件事情的複雜性，如果需要許多人做這項工作，而且工作中還會遇到許多困難，那麼至少你需要準備一個筆記本，隨時記錄誰在做什麼，是什麼時候做的。

要想發布清楚、簡潔、明確而又容易讓人聽明白的命令，應遵循下面幾條原則：

(1) **要使你的命令適合要做的工作。**

(2) **使用簡單明瞭的詞句和術語。**

(3) **要點要集中。**

(4) **如果是一個書面命令，要記得：**

①使用你個人的語言。

②發揮你個人的風格。

③不要太顧及語法。

(5) **如果是一個口頭命令，那你就要多說幾遍。**

即使你已具備了做出正確而及時的決策的能力，已具備了制定完成你的使命的完美計畫，也具備了發布必要的命令使其落實的能力，如果你沒有勇氣去行動，那麼離你達到目的也還會有很遠的一段路程。

正像一位有經驗的上司所說得那樣：「做什麼事，即使做錯了，也不能就此罷休。如果你不做什麼事，那就永遠也做不出什麼事來。可是如果你做事，即使做錯了，你還有機會改正錯誤，最後總會做出正確的事情來。」

就算你可能有看透事物發展的遠見，就算你在決策中有所羅門的智慧幫助你，如果當你應該行動的時候沒有勇氣去行動，你也將一事無成。

要成爲他人強而有力的領導者，你必須發揮你的管理能力。管理能力是一種爲達到某些特殊目的而有規則的途徑，它需要一定的行政管理技能和訣竅。管理不僅是優秀領導者手中的一件工具，也是駕馭人的能力的一件法寶。

要完成一個計畫，如果有訓練有素的人員，有各種所需的供應和設備，有大量的資金，又沒有什麼明確的時間限制，那根本就不是一件難事，更談不上是什麼挑戰。當你必須使用手頭現有的一切，去爭取達到你所期盼的結果時，才是對你的管理能力的最大挑戰。你的才能是在這樣的條件下所完成的實際工作來評價的，而不是在理想條件下所能完成的工作來評價的。

如果你想成爲一個領導者並獲得卓越的駕馭下屬的能力，你應該積極地尋找任何一點你能夠承擔的責任，要勝任並愉快地承擔起那個責任，你絕不能只想著躲避棘手的事情而爬上執行人員的階梯。

當你尋找額外的責任時，你就會提高自信心和提高完成這項工作的信心。你的上司也會增加對你的信心，增加對你所承擔的工作的信心。

人們總是尊敬有勇氣把握機會、及時做出正確的決策，並能為其決策承擔責任的上司。那種不善於把握機會並遇事優柔寡斷的人，是絕對不能得到卓越的駕馭人的能力或成為一個領導者的。總是企圖尋找藉口並推卸自己責任的人對上司是沒有多大用處的。即使你錯了，甚至真的犯了錯誤，只要你有勇氣去嘗試，你的下屬還是會尊敬你並信任你的。

下面給出十二條指導原則，它們可以指導你如何學習承擔責任：

①當你在發展承擔責任的能力時，要做好你的工作。
②明瞭你上司的任務，並隨時準備承擔他或她的責任。
③要做好身體、精神和心理上的準備，以承擔沈重的責任。
④不停地尋找各種各樣的管理工作，以便能使你在承擔不同的責任時獲得並發展廣泛的經驗。
⑤把握每次增加責任的機會。
⑥盡力完成分派給你的每一項工作，不論大小。
⑦要接受正直而誠懇的批評。

⑧對於你認為是正確的事情要堅持，有堅持自己信念的勇氣。

⑨對於為你工作的下屬的失敗，你要承擔起全部的責任。

⑩要對你的決策、你的行為以及你的命令承擔全部責任。

⑪切記，承擔你沒做的事的責任和承擔你做了的事情的責任是同等重要。

⑫在沒有得到任何命令的時候，要發揮主觀積極採取行動，這時你要堅信你的上司如果在場也一定會命令你這樣做的。

如果你想獲得駕馭下屬的卓越能力，那麼可靠性則是你必須培養的一種個人品質。可靠性意味著可信賴和可依靠，也就是說你不用監督就可以始終如一地從事自己被要求做的事情，即使有監督，對你的影響也是微乎其微的。

下面是六條專門爲你制定的指導原則，遵守它們你可以發展可靠性的個人特質：

①不要辯解，不要找藉口，要接受責備。

②不要以任何藉口推脫責任。不要由於你自己的過錯卻企圖去譴責別人。

③盡全力做好每一項工作。無論你感覺怎樣，都要把工作做得很出色。

④關於你要做的工作的任何細枝末節都要做得準確而細緻。這種細小、單調而乏味的事情是非做不可的，否則它們就不會處於首要的位置。如果事情重要，就得做，不管事情是大是小。如果它們對於圓滿地完成任務無足輕重，那就可

以在徵得允許的情況下放棄它們。

⑤嚴守時間觀念。要養成遵守時間的習慣，遲到說明粗心大意和缺乏自律。遲到的人不可能被認為是忠實可靠的人。

⑥執行任何任務都要做到完全徹底地領會工作的實質意義。

如果你想獲得卓越的駕馭下屬的能力，忠誠是必不可少的。你應該讓你的下屬明白，你要求的並不是他們盲目的忠誠，盲目忠誠是沒有好處的。只有在他們確信了你是可靠、可信並對他們忠誠之後，他們才會一心一意地忠實於你，但首先你必須先贏得他們的信任，必須先忠實於他們。

實事求是地講，獲得領導氣質的過程肯定是艱難的，但只要努力，總會達成所願；而此時，你已經是人人仰望的上司了！

一步一腳印

魅力要一點一點地建立，急躁是不管用的，也是成事不足敗事有餘的。因此，領導者塑造個人魅力，也得一步一個腳印。

魅力涉及到領導者個人的威信，沒有魅力的領導者也不會在下屬中間擁有威信！是發號施令使人順從己意行事好呢，還是追隨別人後面聽命行事好呢？不用說，當然是前者爲佳。

話雖如此，「命令」卻不是一件簡單的事情。下屬是否能正確地理解？是否會依照自己的意思行動？若工作進行的不順利，又該如何？……傳達命令的人經常會因此而惶惶終日，甚至導致失眠。

也有人言不由衷，「我不喜歡命令別人，因爲那只會加重責任而已，薪水並不會增加，倒不如平平凡凡地做個基層職員較輕鬆。」

說這種話的人大多是找藉口、缺乏自信、裝模作樣、粗俗不堪卻自以爲瀟灑的人。所以，最好不要認爲那些都是他們的眞心話。

人都是好高惡低，但是，當你想要往高處爬時，上面會有推你下去的上司，後面又有企圖拉你下來的後輩。經過一番努力，你總算登上現在的位置，領導幾名下屬。想想自己也是好不容易才坐上這個位置。有人在中途退出，也有人永遠無法跳出低層。所以，和他們相比，你應當覺得「自己總算苦盡甘來」，而給予自己一點鼓勵。當然也會出現以前的同事個個跑在你前面的情形，但請千萬不要氣餒。

如果你是忍耐、辛苦地爬到這地位，就更應當鼓勵自己了。想想看，爲什麼你有能力勝任這職務？那是因爲公司認同你的能力。或許你會對公司的認同方式有所不滿，例如：

太晚升遷、偏袒某人、經營方針偏離，你內心這麼抱怨是很正常的。但是，公司認同你的能力卻也是千眞萬確的。對此，你應建立信心。不管別人怎麼說，現在的職位可是憑自己的能力得到的。

也許你不滿意現在的地位，記住這是你晉升高層所必經的一步臺階，千萬不可焦急。現在的你，擁有頭銜嗎？

假設你的頭銜是助理，你的發言、蓋印，都是代表助理。它背負著許可權與責任，代表公司對你的認同與期待。既然公司對你如此認同，就認眞地回報，不要辜負公司的期望。

而你的工作量雖然增加，但是也要做到不慌不忙地掌握自如，讓別人感覺到坦然、泰然以及悠然的態度。欲速則不達，慢半拍並非效率不高。

微笑的魅力

微笑也是一種魅力，它能夠提升一個人的個人形象。微笑，意即和善、親切、不容易動怒。

身爲上司，爲了能使下屬發揮所長，並且帶動整個團體向上，其先決條件是必須成爲受愛戴的主管。要做到以下幾點：

(1)對於工作要耳熟能詳

「希望接受這位上司的指導，想要跟隨他，聽從他的話絕對不會錯……」，若下屬對你有如此印象，你必然深受尊重。至於邀下屬喝酒、送下屬禮物的行爲，是不必要的。

(2)保持和悅的表情

一位經常面帶微笑的上司，誰都會想和他交談。即使你並未要求什麼，你的下屬也會主動地提供情報。你的肢體語言，如姿勢、態度所帶來的影響亦不容忽視。若你經常面帶笑容，自然而然地，本身也會感到非常愉悅，身心舒暢。一個永保愉悅的神情與適當姿態的人，較容易受到眾人的信賴。

(3)仔細傾聽下屬的意見

尤其是具有建設性的意見，更應予以重視，熱心地傾聽。若那是一個好主意則可付諸實行，並且不論下屬的的建議多麼微不足道，亦要具體地採用。

下屬將因爲自己的意見被採納，而獲得相當大的喜悅。即使這位下屬曾經因爲其他事件而受到你的責備，他也會毫不在意地對你備加關切，產生尊重之情。由於上司對下屬的工作提案相當重視，不論成敗皆表示高度的關切，因此下屬會感謝這位上司，並覺得一切的勞苦皆獲得回報。

(4) 不強求完美

上司交代下屬任務時說：「採取你認爲最適當的方法。」即使下屬獲得的成果並不很完善，上司也能用心地爲其改正缺點。即使受到這個上司的斥責，下屬亦能由衷地感到歉意，並且尊重他。你也必須具備對下屬的包容力，不能忽略給予失敗的下屬適當的肯定。雖然下屬的任務失敗了，但切勿忽略了下屬在進行任務時所付出的努力，並且需要給予適當的評價。

微笑可以征服你的下屬，而憤怒則不能！

增強自己的凝聚力

老闆應該懂得企業競爭其實就是人才的競爭。哪一位老闆的手下有一班精兵強將，哪一位老闆就具有了市場競爭的實力。在這個意義上，老闆如何增強自身在員工中的凝聚力就成爲關鍵。至少，老闆在以下十個方面提高注意。

①要注意傾聽員工對你反映目前的業務情況，不要在員工面前表現出高高在上，並知道許多他們不知道的事情。要讓員工喜愛聽你講話，並知道你也喜愛他們向你報告情況。

②要反覆告訴員工許多經營規則的制度，不能期望你一言不發，員工就能自覺地自然而然地去遵守。當然，叮囑之餘，你要表現出信任你的員工，相信他們辦事的才幹。

③老闆不會主動聽取他人的意見和看法，總認為自己永遠是對的。其實，員工總希望自己的聰明才智被老闆賞識，他們有時講出話並不是信口開河，而是多日思索的結果。這正如一位偉人所言：真理常常掌握在群眾手裏。

④老闆不協助員工，只是認為他們拿了薪資，就該為自己工作，這是不恰當的，只要有必要，老闆也可放下身段去幫助下屬，目的只有一個，那就是順利地達到工作目標。

⑤老闆以其昏昏，使人昭昭，搞不清楚他的下屬們是否都很稱職。這種老闆常常這樣想，幹得好幹得不好是員工的問題，而不是他的問題。正確的態度是，老闆應發現誰沒有把工作做好，並把這當做自己的工作，幫助下屬做出成果。

⑥老闆不清楚下屬對他的期望是什麼，他甚至認為要瞭解這些員工的內心世界太費時間了。其實，這正是老闆的分內事。老闆要常常告知員工，他對他們的期望究竟是什麼，也就清楚下屬對老闆的期望是什麼，這樣，雙方目標一致，沒有誤會。

⑦有一種老闆，下屬的工作做得好或做得不好，他都不過問。下屬做好了，他認為是自己領導有方，下屬做得不好，他也認為不是他的錯。其實，下屬做得好、做得不好，老闆應明明白白地告知他們，他們做出了成績需要得到認可。他們做錯了，也要獲得一個改錯的機會。

⑧老闆遇到再大的困難，首先自身不要洩氣，其次要多給員工鼓舞，讓他們充滿信心地去幹，奇蹟往往就是這樣創造出來的。

⑨老闆不願動腦筋想出一種對每個人都好的方法，卻頑固地認為，自己確立的方法就是最好的方法。但是，能合適任何人的方法才是最有效的方法，它能提高每個員工的工作效率。

⑩老闆太重「名」，不認為許多工作成功是下屬的功勞，卻把它看做自己的成就。老闆應虛懷若谷，把業績看做是群策群力的結果。

一個有凝聚力的老闆、上司，無往不利；而一個沒有感召力的老闆、上司，則寸步難行。

用一句話來說，領導要有人格魅力！失去人格魅力的領導，跟他的下屬沒有任何分別，誰還會尊敬他，信服他，聽他的號令？美國耶魯大學卡爾．傑克在《領導馭人的魅力》一書中認爲：「良好人格本身就是馭人的魅力」，可見，企業領導應當在下屬面前塑造自我形象，完善人格魅力，充分展示聰明才智和管理能力，贏得下屬的尊重，切忌用不光彩的東西抹殺自我形象，而受到下屬的冷落。

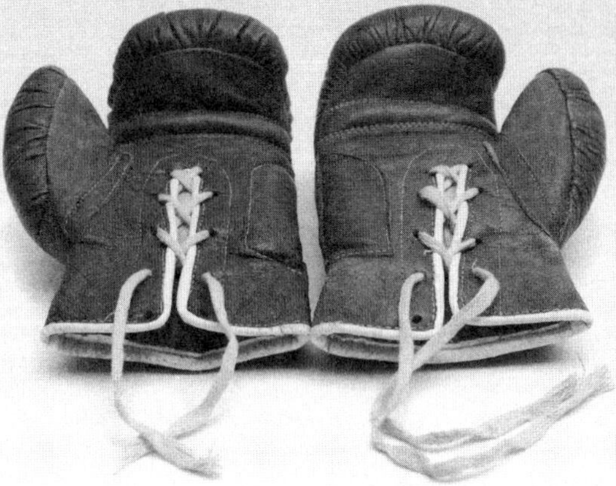

第四招

表率

要讓別人跟著你轉
你就要比別人轉得更快

只有敢打頭陣的企業領導者才能啟動下屬的活力；反之，縮頭縮尾，則是領導無能、怯弱的表現。領導者是幹什麼用的？是以身作則，帶領下屬工作的。不能以身作則，這樣的領導者徒有虛名。

你的下屬一看你的行動，便明白你對他們的要求。

——美國全國管理研究中心教授L·杜嘉

以身作則，身先士卒

「身先士卒」是對領導不畏風險、勇挑重擔的生動評價，說明只有敢爲的領導才能發起表率作用，才能啓動下屬的活動力。

從許多方面，都可以找到領導者應當從自我做起的道理，因爲這是大家觀察和評價上司是否言傳身教的標準。

試想如果你是別人的下屬，上司大擺架子，只懂得下達命令，卻永不加入工作行列，你的心中會作何感想；或許你會認爲這是上司與下屬的分別，也許你會感到自卑，無論你怎麼想，心中也會有一種不公平的感覺。

你的感覺是正確的，人類與生俱來便有反叛性，只是各有程度上的差別而已。被別人頤指氣使，誰也不會樂於接受。相反地，下達命令的人與你一起工作，你會有被重視的感覺，甚至受寵若驚。

一位上司嚴禁下屬在辦公時間打私人電話，他卻愛抱著電話與小女兒說故事，這種行為永遠不能叫下屬信服。等他一離開辦公室，下屬們便會刻意地拿著電話說個夠，這是被壓迫後的反抗，也是人類潛意識的復仇行為。

作爲上司，是顯示自己的權力，不是表面上令下屬的行爲服從，而是使下屬無論任何時候，看見或想起上司，均有一種肅然起敬的感覺。如果你想使下屬做到這一點，凡事以身作則是最重要的一環。

另一個部門的王先生則完全不同，他和五位下屬負責倉庫的工作，且經常不計較身份，戴起手套，與下屬一起到倉庫搬貨物。他們那組人做得很起勁，效率高、氣氛良好，出錯率極低，頂頭上司不是人人都瞎眼的，很快便知道那個部門管理良好、那個部門管理差勁。

領導要下屬積極投入工作，首先自己要有這份情操；不要把私人事情夾在公事中，要永遠保持愉快的笑容，這才是上司的形象，要是經常愁眉苦臉、翹高雙腿看報章雜誌，只讓下屬幹個飽，屬於短線上司型，是經不起時間考驗的。

樹立下屬學習典範

你應該永遠記住這句話：領導者是被學習的榜樣，不是被讚揚的對象。給別人樹立學習的榜樣不是一件容易的事情，它意味著去發展諸如勇氣、誠實、隨和、不自私自利、可靠等等那些我曾在前一篇裏討論過的個人品格特徵。爲別人樹立學習的榜樣，也意味著堅持道義的正確性，甚至當你必須爲這種堅持付出很高代價的時候，也得堅持。

由於你自己能夠履行上司的義務並能以身作則表現出榜樣的風範，你的下屬將永遠把你看做他們的領導者，就會尊敬你，爲你而感到驕傲，而且會產生一種想達到你那樣高的境界的強烈願望。

運用下面的八種技巧，你就能成爲堪稱楷模的領導者：

①為你的下屬樹立高標準的學習榜樣。

②通過自己，努力工作樹立榜樣。

③身體要健康，精神要飽滿。

④要完全掌握自己的情緒。

⑤要保持愉快而樂觀的儀表和態度。

⑥在指責或批評別人的時候，不要把你個人因素摻雜進去。

⑦待人要隨和，有禮貌。

⑧為你的話必須一諾千金。

要做一個優秀的主管，必須樣樣勝過下屬！一個成功的商店經理對此總結道：「在任何事情上我必須為我的下屬樹立高標準的學習榜樣，我對克服一個困難的工作，或者完成一個特定的銷售目標的信心就在於，我作為這商店的經理，我能為我的下屬樹立起效法的榜樣，這就是我百戰百勝的秘訣。我所說所做的一切，都必須顯示出我對一個難度很大的目標一定大獲全勝的信念。如果我顯露出絲毫的猶豫，那一定會引起大多數員工的猶豫，乃至失敗的擔心。這樣一來，成功的希望就很渺茫了。樹立一個高標準的信心，是我作為一個經理的必要條件之一。我也敢保證，這一定也會是你的工作的一個重要組成部分，不管你的工作是什麼。」

這種情況也適用於人際關係的其他方面，例如，你期望下屬對你有禮貌、尊敬你、忠實於你並竭誠與你合作。首先你必須向他們表示禮貌、尊敬、忠實和竭誠合作。以此爲他們樹立起高標準的學習榜樣。你必須首先帶路，只有成爲他們學習的榜樣，你才能達到目的。

如果你在自己的工作中表現出一些不良的習慣，如果你在約會中有遲到的缺點，如果你對安全規章制度疏忽大意，偶爾還對自己的工作表現出懶惰和厭煩的情緒，那麼，你手下的人就會效法你。如果情況反過來，你對你的工作表現出熱情，能以身作則盡自己的義務爲別人樹立高標準的學習榜樣，他們就會熱切而認眞地學習你作爲領導的良好表現。你也因此贏得了極大的駕馭他人的能力。

要時刻牢記，任何一個組織對於它的領導者來說都是表現其觀點、力量、信心、憂慮和缺點的一面準確的鏡子。你必須在你所說和所做的所有事情中爲你的下屬樹立起一個標準，榜樣讓他們學習，這是任何一個領導者也逃避不了的義務，除此以外別無它途。要在工作中始終記得自己是下屬的榜樣，任何時候都不能落在他們的後面。

保持勇氣和耐力

除了你的專業知識、工作態度，你的精神和肉體的忍耐力也都要超越所有的下屬，樹立學習的榜樣。

耐力是身體健康的一部分，是精神飽滿的象徵，不管發生了什麼情況，你必須具有堅持把工作完成到底的能力，這也是你發展成爲別人的領導者並贏得卓越的駕馭人能力所必須的一種個人特質。

實際上，忍耐力是與勇氣緊密相關的，當眞正遇到困難時你所必備的一種堅持到底的能力，也可以被認爲是需要忍受疼痛、疲勞、艱苦，乃至批評的體力上和精神上的持久力，而且它也是一種你想具備卓越的駕馭人的能力所必須培養的重要的個人特質。

說實在的，有時你可能不需要在體力上像某些其他人在工作中表現出的那樣富有耐力，然而，不管你是表現出也好，不表現出也好，那工作還是需要你付出大量的腎上腺素和血糖去堅持，不管你碰到什麼障礙和困難，你都得把它成功地進行到底。

爲了獲得精神和肉體上的忍耐力，你必須遵循下面這五項指導原則：

(1)不要沈湎於會降低你的身體和精神效率的活動

比如說吸煙過多，會影響你呼吸系統的正常運行。飲酒過量會降低你清晰思考的能力，也會降低大腦發揮正常作用的能力，最終會導致體力和腦力的劇烈惡化，而且會越來越嚴重。

我們認爲，當你身體的忍耐力、你的健康，乃至你的生活都失去常態的時候，你的大腦就不可能進行正常的思維和發揮正常的作用，不管這種失常是由於飲酒，或者是由其他一些原因造成的。

你不妨嘗試一下，看看在你覺得身體不適，或者說喝了酒之後，能否做出一個正確而又及時的決策。

(2)培養體育鍛練的習慣有助於增強你的體質

對於坐辦公室的人員，進行有氧運動，似乎是最適合不過的了。不管是什麼類型的體育鍛練，只要你能持之以恆，都會增強你的體質，而且運用超負荷的原則還可以增加你的忍耐力。

(3)學會一種你自己一個人能玩，到了老年時也能享受其樂趣的運動

籃球、網球、排球，雖然是美好的運動，但一個人沒法玩，年紀大了也不便玩。可是，諸如散步、保齡球、釣魚，卻是一些既能與其他人共同享受，又能自己單獨享受的運動。其中最好的一種運動是散步，尤其是當你年老的時候，許多有關保健方面的權威人士推薦，用力地快步走比悠閒的慢步走更有效，每次至少行走二十分鐘，每周不少於三次。

(4) 通過不斷地強迫你自己去作一些緊張的腦力勞動來考驗你的精神忍耐力

有時，當你疲勞至極，而且你的精力也已到了殆盡的地步時，你還要強迫自己工作，這是唯一一種學會在極大壓力下還能繼續進行工作的方法。學會這個也得運用超負荷的原則。

(5) 以你最佳的體力和智力狀態完成各項工作

這通常是對你的忍耐力的最好考驗，這也是保持勇氣、保持耐力的一種方法。始終保持勇氣和耐力，即使是那些年輕力壯的下屬，也不敢小看你，反而從心底佩服你寶刀不老！

不要在下屬面前流露悲觀情緒

一個對公司前途悲觀失望、缺乏熱情的主管是不會成爲下屬學習的榜樣的；要想改變自己的形象，你必須永遠樂觀向上，對工作充滿熱情！

以下是能使你顯得有熱情並成爲被學習的榜樣的幾種方法：

(1) 要學會自我鼓勵

激發別人者必須首先自我激發，他必須鼓勵自己並成爲自己行動的激發者，作爲一個管理人員，如果你還需要你的上司來鼓勵你、激發你，使你產生火一般的熱情和動力，那我簡直懷疑你是不是一個管理人員。管理者以及那些領導人必須首先鼓勵激發自己，也就是所謂的自我激勵。

(2) 結交熱情的人

要與那些對他們的工作感興趣並對未來充滿信心的人打成一片。他們的熱情就會感染給你。如果你的工作做得不甚理想，你就多多結交熱情而樂觀的人，他們肯定對你的工作有所裨益。

(3) 看一些思想積極的書籍以點燃你的熱情

現在社會積極思維的地方不多，報紙和電視新聞充滿了戰爭報導，犯罪、污染和貧窮。但你可利用一部分自由時間去閱讀一些積極向上、高瞻遠矚、自己幫助自己的書籍，那些書會指導你如何改善自己和充實生活。

(4) 要對你的工作充滿熱情

有一天，我對一個砌磚工人問了一個有關建築方面的問題，他回答說：「我不知道。你最好去問問監工，我只是一個砌磚工人。」「看得出你是一個熟練的砌磚工人，」我說，「我已在這裏觀察多時了，你的磚砌得棒，你肯定觸摸過大師的手，得到了眞傳。我做什麼事都不能像你做得這麼好，更談不到爐火純青了。」

聽了我的話，這個剛才還心不在焉的砌磚工人頓時振作起來，當我離開一個小時以後，他還是那樣熱情飽滿地專注於他自己的工作。

(5)時刻要想到以你爲榜樣的所有人

不管什麼時候，只要你的熱情表現低落，你就要想到，你是激勵別人的人，你的下屬需要你去激勵，你是領導者，他們是被領導者。如果你時常不忘這一點，你就會馬上振作起來，你會意識到還有許多下屬需要你，依靠你。

要永遠保持樂觀，你還必須學會控制自己的情緒，不要在下屬面前喜怒無常。如果你控制不住脾氣，或者如果你長期陷入沮喪的狀態，我可以毫不猶豫地說，你永遠也控制不了別人，也得不到你的下級對你的忠誠和尊敬。

作爲他們的上司，你必須表現得沈著冷靜並且言行一致，否則你就不可能得到他們的信任和尊重。

比下屬更老練

作爲公司領導，不論做任何事，都應該顯得比下屬更成熟老練，更有禮貌，更能始終保持自己的風度和尊嚴。

所謂成熟老練乃是指在不觸犯任何人的前提下，適時地把話說得圓滿或把事情做得得體的一種個人能力。當你與老練的人打交道，或處事棘手的時候，那就需要機智靈活、成熟。要想處事成熟老練，你必須深刻理解人性，要對別人的感情加以設身處地的考慮。遇事要針對具體情況始終保持敏銳而清醒的公正之心。

禮貌也構成了處世成熟老練的一部分。無論你是在與上司打交道，還是與下屬打交道，你都不能有不客氣、不禮貌的表現，也可以說，和任何人來往都必須以禮相待。誰知道哪個人日後可能成爲你的上司。如果你需要別人對你以禮相待，你就也得不折不扣地待之以禮，否則，你就會顯得傲慢，顯得瞧不起人，顯得缺乏教養。

以下是你可以用來發展成熟老練和禮貌的五種技巧：

①儀表要永遠顯得愉快、樂觀。
②凡事多為他人著想。
③多向善於處理人際關係的人學習，反覆研究他的處世方法。
④要在思想上和行動上都能配合。
⑤對人要保持寬容忍耐的態度，自己活得好也讓別人活得好。

要樹立個人榜樣，要樹立光輝的形象，爲了不在指責或批評人時加進個人因素的成分，你需要始終保持尊嚴。尊嚴，首先表現出一種高尚的令人尊敬的狀態，那意味著一個人在任何時候都完全具備控制自己感情的能力。

例如，一個管理人員說話粗暴、聲音大，語言低俗下流，飲酒過量，在生氣的時候完全失去情緒控制能力，這些都是有失尊嚴的表現，都是愚蠢的表現。一般說來很快就會完全失去下屬對他的尊敬。這表明他不配作爲一個管理人員，一個執行人員，或者一個上司。一個成熟老練、彬彬有禮、風度翩翩的領導人，才是下屬心目中最完美的上司甚至偶像！

因此，一馬當先，嚴以律己，從自己做起是企業領導人不可或缺的馭人術；反之，做縮頭烏龜，放任自己則是企業領導人之大忌，必定無法在下屬面前建立權威感。沒有一定權威的領導人，豈能管人？

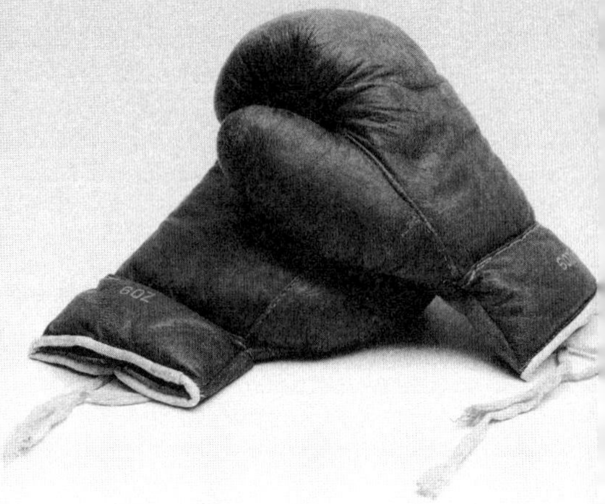

第五招

順性

誰都想做自己的主宰
而不願受別人驅使

有的領導者心裡想：我的權力一定可以改變我的下屬。可是他忘記了，變形的鋼鐵還是鋼鐵，並沒有變成銅。

我深信企業最大的資本是人，重視他們的價值，尊重他們的天性，既是為了物質利益，也是為了履行道義上的責任。

——美國企業家P．弗朗希斯

個性是頑石

「鋼鐵可以鑄造，人不易強變」，這是管理科學的馭人原則。爲什麼呢？

每個人都有個性，作爲一個公司領導最難改變的就是下屬的個性。但激勵的目的，不在改變員工的個性，而在促使員工自我調整，產生合理的行爲。員工自我調整的方向，如果朝向公司的目標，所產生的行爲，即屬合理。

年齡愈大，個性愈難改變。強制某人改變行爲，不如設法讓他自行調整。一般而言，什麼樣的人就是什麼樣的人，我們很不容易改變他。我們所能做的，只是順著他的個性，增加一些東西，使其改變行爲。

所增加的東西，稱爲激勵的誘因。每一個人的誘因都不相同，必須個別瞭解之後分別認清。因爲激勵的誘因不同，激勵的方法也不相同，對某甲有效的，對某乙則未必。而且時間改變，方法也要跟著有所調整。員工自己充實自己的實力，提升自己的本事，公司提供合適的工作機會，使具有實力的員工，得以好好地表現。然而，有本事的員工，肯不肯表現，會不會好好地表現呢？這就牽涉到激勵的問題。

優秀的工作成績是本事與激勵的乘積。本事指員工應該具備的條件，亦即做人做事的本領；激勵是公司在工作機會之外，必須提供的某些因素，用以激發員工努力的意志；業績則是員工受到激勵應有的良好表現。

員工的本事是否符合工作的需要，這是甄選時就應該明確辨識的。常見的情況是：新職員都十分賣力，可惜一段時間過後，便逐漸降低努力的程度，然後保持不被開除的水準。原本希望新人新血輸入帶來新氣象，不料新人被舊人同化，依然如舊。可見有本事的人，必須給予有效的激勵，才能人盡其才。有本事未激勵，是公司的損失，造成人才的浪費。最好能夠針對不同的需求，分別給予合適的激勵，以提高生產力。

切記，下屬的個性只可以校正，不可以改變，否則一不小心，領導者和下屬之間將會發生激烈的對抗，對企業、對個人都不利。

壓制是暴力

權力通常有兩個用處，一是壓制下屬，一是管理下屬。前者是錯誤的，後者才是正確的。有的領導者想用壓制下屬來達到管理下屬的目的，是注定會失敗的。領導者要想讓下屬對自己心服，首先必須要有能力，其次，必須要有高尙的品德。

有的領導者認爲，權力就是用來壓制下屬的，不時時、處處壓制下屬怎能展現自己的權力，表現自己的領導地位？很顯然，這種想法及做法是極其錯誤的，不符合現代企業的用人及管人法則，其結果，只會導致下屬的不滿甚至反抗，這對企業而言絕對不是好事。企業裏面有這樣的領導者，遲早都是要垮的。

某製造業公司，有一員工利用休息時間，在草地上練打高爾夫球，球打到了某位同事。另一公司，員工在公司大樓屋頂上，練習棒球投球，一時沒接好，球掉到樓下，傷了馬路上一位老人。這兩家公司在當天立刻下令嚴禁運動，此後，員工在休息時間只有曬曬太陽了。

像這樣的壓制方式，只會引起員工的不滿，甚至因而影響工作情緒也說不定。因此，主管應該訂出一個適當的辦法才對，例如：做些鐵絲網或柵欄，使他們能安心運動，或者設置簡便的運動設備。總之，光是看到不好的一面而加以強制，實在不是正確的解決之道。

另一個實例是：某藥廠有幾位職員，設立了一個「經營研究小組」，專門研究分析公司的經營方針，可是過了不久，人事科長卻以為他們專門在批評公司，而加以禁止。像這樣的行為，實在可笑，同時更說明了主管本身的無能。正確的處理方法應該是：確實瞭解他們討論的內容，並給予必要資料及思考線索，指引他們走向建設性的道路。壓制，解決不了任何問題。

做個公正的裁判

身爲領導，要常常在工作中調解下屬之間的糾紛和矛盾，這時，你切不可傾向於一邊，強行改變另一邊服從你判決的結果，這種做法，是極不明智的。

那麼，當下屬因爲工作而引起激烈的言語衝突時，你應該採取何種相應措施呢？遇到此種情況時，佯裝毫不知情的上司似乎爲數不少。這樣的上司，在此時會專注於不太重要的文件上，企圖以不注意的姿態蒙混過去，或者他會假裝在打電話，使人誤以爲他的注意力正集中在別處。因這類型的上司未曾扮演過爭吵的仲裁者，因此才會害怕被捲入爭吵的漩渦中。

也很少會有爭吵的當事者請上司過來評理，因爲他們認爲這麼做就表示自己理虧，會被對方輕視，而此正符合了膽怯的上司的心意，因此上司才故意表現得很忙碌，並且視而不見、充耳不聞地企圖欺蒙眾人。

上述情形你應該如何處理呢？此時最好暫時讓雙方繼續爭執，當你感到這個爭論似乎無法停止時，即使沒有人要求，你也必須親自前往瞭解情形。

首先，你必須耐心聽完雙方的發言，之後，再陳述自己的意見並下結論，按理說，你應當採取斥責雙方的方式。假設張某與陳某這兩位下屬在爭吵，張某較強而陳某較弱，此時你應告誡張某而勸誡陳某，但實際上並非皆能如此容易地解決。整件事情除了經過的原委之外，亦涉及公司內其他員工的關係。

例如，雖然張某較有理，但是他太驕傲，樹敵太多，你經常關注陳某，然而陳某卻不長進。諸如此類複雜的因素常糾結在一起。

如果你的態度曖昧，則會使張某與陳某的爭論永無休止。因此，即使爲難也必須先申斥下屬：「我聽了你們的意見，但是你們也不應該如此地大聲叫嚷。」然後表明自己的心意：「我儘量想辦法解決。」

如果你能夠以下面的形式做結論，就大功告成了。「有關此項計畫的對外戰略讓張某做，而公司內的成員意見的統合則由陳某負責。希望你們儘快完成自己的任務。」

然而實際情況並非都能如此順利。或許會有一方覺得不滿，甚至在雙方的內心皆會留下疙瘩。即使想顧全雙方的顏面，也必須有限度。明知下屬內心不滿，你也要閉起眼睛下結論。

你的裁決有時會動搖你在公司的地位，或許採取沈默不語，什麼也不管的態度會比較安全，然而如此一來，你的頭銜又代表著什麼？如果因下屬雙方的爭吵你得出面斥責一方時，可能你將因此而失去下屬的向心力，但你不可因害怕損失而不做任何處理。因爲，有朝一日這或許能夠成爲你的一項貴重的財富。

如果組員之間的爭吵相當頻繁，則必須考慮重新分配任務，你需要再次檢討每個成員所負責的工作性質是否適當？有沒有不自然或者太過勉強？若不是明顯地角色分配不均，你就必須多製造與大家共同商討的機會，並努力化解組員們心中的結。

你必須努力使每位成員皆能發揮一己之長。正因爲團體中有著各式各樣的人，我們才能期待它的成長。若以這方面的意義而言，適當爭吵的活潑氣氛未嘗不是好現象。

當下屬之間的爭吵相當激烈時，而你又能持保留的態度並表明：「這個問題讓我考慮看看！」也能夠達到良好的效果。

你需要花費一些時間思考解決的方案，之後再召集當事者共同討論前些時候發生的事情，如此下屬便能自我反省。雖然在爭吵時，雙方都很情緒化，一旦冷靜下來，便會覺得那也不是件需要爭得如此面紅耳赤的事情。

時間具有緩和人類情緒的特殊作用，這一點你必須善加利用。作爲領導，記住一定要做一個公正的裁判，不要試圖改變哪一個，這樣對他不公平。

不要用命令改變下屬

領導者命令下屬一定要改正某個錯誤或缺陷，是一種典型的強制性改變方式，如果沒有必要，切記不要使用；如果非這樣不可，**發布命令時一定要注意下面幾點原則：**

①要確定一個命令存在的實際必要。你完全沒有必要用發布一個命令的方式表明你是老闆，如果你是負責人，人們絕不會不知道。

②發布命令的你要表現出希望下面馬上執行的態度。

③絕不要發布你不能強制執行的命令。某些沒有經驗的管理人員常常做不到這一點，每當他們遇到命令執行不順利的時候，就不知如何是好。

④發布命令要清楚、完整、正確而簡潔。別人必須聽明白你想要做什麼，什麼時候做，不能讓他們去猜。

⑤發布命令時要表現出紳士風度，不要拿出暴君的作風。如果可能的話，要儘量使用請求或建議的口吻代替直接命令，只是要在講述中表達清楚必須做什麼。你發布命令的方式與這個命令被執行的好壞大有關係。

⑥口頭發布的命令必須要求別人給你重復一遍。我認為這一條規則很重要，不容忽視。做不到這一點可能導致嚴重的錯誤或者誤解。

⑦命令少並不能減輕你的領導責任。你應該在心中對形勢有一個完整的概念，這樣你就能夠在緊急情況下，或者在沒有得到你的上司的命令的情況下採取必要的措施。

⑧監督你的命令的執行情況。要記住，沒有監督檢查的命令就根本不能稱其為一個命令，那只是一種美好的想法，這是非常重要的一點，也是執行人員、監督人員和管理人員最應重視的一點。

命令總是令人不快的，除非迫不得已，否則禁止使用。

用信任贏得下屬

改變下屬最好的辦法是信任，即「我相信你一定可以做得更好」，只有這種方式，才能讓被改變者（下屬）打心底裏接受，並主動改變自己。如果你想獲得駕馭別人的無限能力，**如果你想喚起別人對你的信任，你就要按照下面的五項指導原則去做：**

(1) **做事要永遠誠實可靠**

我認為這條原則對任何人都不例外，當然，我的意思並不包括你對別人說實話去故意侮辱他或傷害他的感情。如果你說不出對一個人有什麼好處的話來，那你最好就什麼也別說。你只管盤算自己的事情好了，不要打別人的主意。

(2) **說話要一諾千金**

如果你想讓人們充分地信任你，那你必須做到一諾千金。為了確保你永遠說話算數，你要記住下面三點：

①沒把握辦到的事就不要輕易許諾。

②不要做出無能力堅持下去的決定。

③不要發布無力強制執行的命令。

(3) 在你的所有書面聲明中，措辭都要準確、眞實

你一定要牢牢記住，你在任何文件上的簽名，或者在任何信件上的簽名，都像你和一個人面對面說話一樣的重要。

(4) 支持你認爲正確的事情

只要是自己認爲正確的事情，就要堅持到底，無論結果可能是什麼樣的。不要妥協，更不能出賣自己的原則，在原則上總是妥協讓步，就意味著你將把自己的誠實、自己的責任感和個人榮譽置於不顧的位置。

(5) 當你做錯了事的時候，你應該理所當然地接受批評

如果你有了錯誤，就應該有勇氣說承認錯誤的話。如果你犯了錯誤而且也確實認爲毛病的根源在於你，那你就應該心平氣和地接受別人的批評和譴責。如果你能做到這一點，你就會獲得駕馭別人的無限能力。

信任忠實的下屬吧，只有這樣他才肯聽從你的話改變自己！更何況人不是鋼鐵，尤其是成人的個性基本都已固定，忘想改變他們不但是徒勞的，而且是錯誤的。俗話說：「強摘的瓜不甜」。因此，企業領導，切忌成爲「冷面殺手」，而應成爲治療下屬的醫師，對症下藥，方才見效。

第六招

磁力

領導者最大的本事
是發動別人做事

所謂管人就是使員工秩序化、整體化。團體合作精神首先表現在一個企業的領導者和主管身上，因為他們是團體的精神領袖，是把團體所有成員吸在一起的「磁石」。

凡鐵均有磁性，只因內部分子結構凌亂，正負兩級互相抵消，故顯不出磁性。若用磁石引導後，鐵分子就會變得有序，從而具有磁性。

——磁化效應

沒有團體就沒有個人

在現代的企業中，團體的作用已得到愈來愈急切的重視。但是，卻很少有人能充分理解團體的奧妙，總是把自己和團體區別開來，他們既需要團體，又需要個人淩駕一切的權力，殊不知這是自相矛盾的。

一個成功的企業家說過：沒有團體，也沒有個人。他的意思是：作爲領導，應融入團體之中，適當的時候忘掉自己的職責和權力，和團體的其他成員（多是他的下屬）共同努力，不分彼此。這才是眞正的團體精神！

當新聞記者採訪一位成功的企業領導者時，那位風采卓絕的先生說了這樣一句話：**「我的成功，百分之十是靠我個人旺盛無比的進取心，而百分之九十，全仗著我擁有的那支強有力的團隊。」**只有這樣的領導，才是眞正領會了團體精神的領導。

聲寶企業創辦人陳茂榜先生曾拿打籃球為例，強調團隊合作的重要性。他認為企業要發揮集體力量，就要以企業的「團隊精神」作基礎，若每個人只求個人表現，忽視團隊精神，那麼就如同打籃球，個人再藝高技強，因不能協同一致，是很難獲致勝利的。

沒有團體也沒有個人；你要想建立一個眞正的團體，就必須先忘掉自己的存在，和下屬一起跌爬滾打，如此才能成功。

志同道合才是最佳組合

我們看過一些非凡的領導人，他們好像有天生獨特的再生能力、魔力，可以在很短的時間內，扭轉乾坤，將一群柔弱的羔羊訓練成一支如猛虎般的管理團隊，所向披靡。

此外，我們還會發現另一個十分可貴的事實：每位成功的領導人幾乎都擁有一支完美的管理團隊。這些成功的領導人所率領的團隊，無論是他的成員、組織氣氛、工作默契和所發揮的生產力，和一般性的團隊比起來，總是有相當大的不同的地方，他們常表現出以下主要特徵：

(1) **目標明確**

成功的領導者往往主張以成果爲導向的團隊合作，目標在於獲得非凡的成就；他們對於自己和群體的目標，永遠十分清楚，並且深知在描繪目標和遠景的過程中，讓每位夥伴感受共同參與的重要性。

因爲，當團隊的目標和遠景是由組織內的成員共同合作產生時，就可以使所有的成員有「所有權」的感覺，大家打從心裏認定：這是「我們的」目標和遠景。

(2) **各負其責**

成功團隊的每一位夥伴都清晰地瞭解個人所扮演的角色是什麼，並知道個人的行動對目標的達成會產生什麼樣的貢獻。大家在分工共事之際，非常容易建立起彼此的期待和依賴。

大夥兒覺得唇舌相依，生死與共，團隊的成敗榮辱，「我」占著非常重要的分量。同時，彼此間也都知道別人對他的要求，並且避免發生角色衝突或重疊的現象。

(3) **強烈參與**

現在有數不清的組織風行「參與管理」。領導者眞的希望做事有成效，就會傾向參與或領導，他們相信這種作法能夠確實滿足「有參與就受到尊重」的人性心理。成功團隊的成員身上總是散發出擋不住參與的狂熱，他們相當積極、相當主動，一逮到機會就參與，這時候團隊所匯總出來的力量絕對是無法想像的。

(4) **相互傾聽**

有位負責人說：「我努力塑造成員們相互尊重、傾聽其他夥伴表達意見的文化，在我的單位裏，我擁有一群心胸開放的夥伴，他們都眞心願意知道其他夥伴的想法。他們展現出其他單位無法相提並論的傾聽風度和技巧，眞是令人興奮不已！」

(5) **死心塌地**

眞心地相互依賴、支援是團隊合作的溫床。李克特曾花了好幾年的時間深入研究參與組織，他發現參與式組織的一項特質：管理階層信任員工，員工也相信管理者，信心和信任在組織上下到處可見。幾乎所有的獲勝團隊，都全力研究如何培養上下平行間的信任感，並使組織保持旺盛的士氣。它們常常表現出四種獨特的行爲特質：

①領導人常向他的夥伴灌輸強烈的使命感及共有的價值觀，並且不斷強化同舟共濟、相互扶持的觀念。

②鼓勵遵守承諾，信用第一。

③依賴夥伴，並把夥伴的培養與激勵視為最優先的事。

④鼓勵包容異己，因為獲勝要靠大家協調、相補、合作。

(6)暢所欲言

成功團隊的領導人會提供給所有成員雙向溝通的舞臺。每個人都可以自由自在、公開、誠實表達自己的觀點，不論這個觀點看起來多麼離譜。當然，每個人也可以無拘無束地表達個人的感受，不管是喜怒哀樂。總之，群策群力，有賴大夥兒保持一種眞誠的雙向溝通，這樣才能使組織表現力臻完美。

(7)團結互助

在好團隊裏，我們經常看到下屬們可以自由自與上司討論工作上的問題，並請求：「我目前有這種困難，你能幫我嗎？」再者，大家意見不一致，甚至立場對峙時，都願意採取開放的心胸，心平氣和地謀求解決方案，縱然結果不能令人滿意，大家還是能自我調適，滿足組織的需求。當然，每位成員都會視需要自願調整角色，執行不同的任務。

(8) 互相認同

「我覺得受到別人的讚賞和支援。」是高成效團隊的主要特徵之一，團隊裏的成員對於參與團隊的活動感到興奮不已，因爲，每個人會在各種場合裏不斷聽到這話：「我認爲你一定可以做到！」「我要謝謝你！你做得很好！」「你是我們的靈魂！不能沒有你！」「你是最好的！你是最棒的！」。

這些讚美、認同的話提供了大家所需要的強心劑，提高了大家的自尊、自信，並驅使大家願意攜手同心。

上面列舉的八種特徵，在你所帶領的團隊裏有沒有明顯的跡象呢？請自己找個清靜的場所，給自己十分鐘的時間好好省思一番，這有助於你建立一支有效率的管理團隊。

藉著在團隊裏學習、成長，每位夥伴都會不知不覺重塑自我，重新認知每個人跟群體的關係，在工作和生活上得到眞正的歡愉和滿足，活出生命的意義。

怎樣成為「領頭羊」

在企業中，領導者的頭銜意義並不大，重要的是在行動上而不是頭銜上領導所有的下屬，這就是「領頭羊」的作用！

如何才能成爲一個衆望所歸的「領頭羊」呢？

①對人的權利要有堅定的信念，永遠維護別人的權利，即使對那些與你見解不同的人也不例外。

②永遠尊重每個人的尊嚴，不管他或者她是什麼人。不要損害或者攻擊任何人的尊嚴。

③使用黃金規則對待每一個人，時間沒有磨滅這項規則的智慧，永遠也不會磨滅這項規則的智慧。

④對人類福利的各個方面要表現出永久性的興趣。

⑤要真心誠意地對待每一個人，就好像他或者她與你有血緣關係一樣。

⑥對待新認識的人要像對待老朋友和家庭成員一樣的寬厚慈善。

⑦不要自私，更不能以自己為中心。永遠要考慮別人的願望，與他們談話要使用他們感興趣的語言，而不是用你自己感興趣的語言。在使用這種技巧獲得卓越的駕馭人的能力過程中，你是不會發生任何煩惱的。

⑧不要建立你自己的對與錯的標準。隨著我年齡的增長，我越覺得在人的行為中，灰暗的方面多於純黑和純白的方面。你要學會忍受並接受你周圍人們的缺

點和性格方面的缺欠，心中要牢記，人們判斷事物的方式也與你大同小異，永遠要寬厚待人，要容忍別人的弱點和缺點。最後要注意的一點是，應該時刻盤算自己的事情，而不是盤算別人的事情。

⑨要保持健康、積極向上的學習興趣，尤其是要學會如何幫助別人。

⑩要允許沒有經驗。學習是一種緩慢而反覆的過程。不管你的業務或者職業是什麼，都必須記住，只有做才能學到東西，在你能夠走乃至跑之前，你也必須有爬的階段。

⑪在無關緊要的小事上要謙讓，但在原則的事情上必須堅定地站穩立場，慢慢你就會發現，在一些無關大局的小事上給別人行方便，就會在大事上得到方便。

⑫無論何時、何地，只要你有可能幫助別人，就要隨時隨地幫助那些需要幫助的人。

⑬要尋找人的內在特質，不要從某些外在特質來判斷一個人，那樣會把你的思想引向歧路。

⑭不要因為自己不能完成工作就不去做。

⑮要接受你無法改變的事情，但要有勇氣改變這些事情，至少要認為自己有能

力改變它們，這就需要你有識別它們之間差異的智慧。
⑯不要期望所有的意見都得一致，更不能指望所有人的想法都一樣。
⑰絕不能用自己的標準去衡量別人的快樂與否。
⑱要從自身的誠實、可靠、勇敢和果斷為別人樹立學習的榜樣。
⑲還要表現出一些另外的性格特徵，諸如：耐力、熱情、活動性、判斷力、正義感、忠誠、交際以及策略等方面的才能。

其實，一個領導者不能只說不幹，而應言傳身教，發揮「領頭羊」的作用，才能更讓下屬口服心服，並做好自己的工作。

自尊才能自強

在部門中，一個下屬的悲觀、自卑具有極強的感染力，甚至會讓整個部門直不起腰。要讓部門的每一個成員都挺直腰杆，就必須讓他們自尊、自信，唯此，才能自強！

作爲領導者要想使你的部門團結，必須先培養成員的自尊心。要爲自己部門感到驕傲，你必須讓他們覺得他們是同行最好的一分子；這是說，假若你的部門是一群生產汽車零件的工人，那你要使每個人都感到他們是在生產世界上最好的汽車；不管你是在哪個行業，全都可以應用這項原則。

注意，**如果你能說服團體成員相信他們是世界上最好的，在某種程度上，他們的確會成爲最好的**。這並沒有想像中那麼困難，要訣是將全力集中在某種要素上，使它成爲同行中最好的。

你可以一開始就分配任務給那些知道會做得最好的人，等到他們的技術熟練，自信心培養起來以後，再分配較困難的工作給他們，讓他們感到自己是在進步。當然，你必須使每次任務都能成功的達成，保證每個人都能完成自己的任務，受到該得的肯定，並讓整個團體都知道每次的勝利。

你可以、也應該鼓勵制定團體座右銘、綽號、象徵符號和口號。最後，你可以用建立團體價值和特點來促進團結，假若你能以過去光榮的歷史，證明出這個團體的價值和特點，你已經走上使團體堅強團結之路。

你所要做的是調查這個團體的過去，發掘出它光榮的事蹟：你這個團體有什麼優良的傳統？在過去有什麼偉大成就，而現在可以繼續發揚光大？你所發現能發揚光大的事蹟越多，凝聚力就越大。

請注意我們一再提到「發揚光大」，一旦你找到了團體這方面的傳統和事蹟，你就必須經常加以利用。你應該讓團體每個成員都知道，他們所屬的是個多偉大的團體；你應該利用各種技巧，讓他們爲自己的歸屬感到興奮，使他們感到自己比其他任何人要好——他們是最好的。

只有一個團結而自信的團體，才能在殘酷激烈的市場競爭中屹立不倒！

心有靈犀一點通

一個眞正的有效率的團體，應該看起來就像一個人一樣，身體每一部分的配合與協調都自然隨意，恰到好處。要做到這一點，你必須學會在下屬中間培養默契，找到「心有靈犀一點通」的感覺。培養下屬整體搭配的團隊默契，是增進團隊精神的另一個不二法門。

作爲團隊的領導人，你固然要讓每位成員都能擁有自我發揮的空間，但更重要的是，你要用心培養大夥兒，破除個人主義，整體搭配，協調一致的團隊默契，同時，努力使彼此瞭解截長補短的重要性。畢竟，合作才會產生更巨大無比的力量。因此，經常教導灌輸成員瞭解相互依存、依賴支援才能達成任務的觀念，是領導人責無旁貸的重要職責。

要建立一支有效率的團隊，並非一蹴可成的事，但是，如果能夠在以下十項基礎上持續努力的話，一定可以幫助你早日實現你的願望：

①對建立團隊抱持正面、認同的態度。

②融入到你的組織之中，和成員們打成一片，打破「我是上司，聽我的命令做事」的作風。
③幫助組織內每位成員都明白建立團隊觀念的重要性。
④把夥伴當成珍貴無比的「資產」來看待，而不是機器。
⑤確信每一位成員都願意與他人形成一個團隊。
⑥包容、欣賞、尊重成員的個別差異性。
⑦儘量讓夥伴們共同參與，設定共同的目標。
⑧讓夥伴們一起參與討論重大問題的解決方法。
⑨在公平的基礎下分派任務，分配報酬。
⑩有賞、有功勞大夥共用，有罰、有責難一人獨當。

當過兵的人都知道，凝聚力能使戰鬥力產生相乘效果，也就是說，只要一個部隊團結，它的戰鬥力就會增加好多倍，一個小而弱的部隊，若有堅強的凝聚力，往往能戰勝大過它好幾倍的強敵。成員之間配合默契，且有強大的凝聚力，這樣的團隊堪稱楷模！

英國著名企業策劃專家博比·克茨在《公司協作中的御人術》一書中認為：「企業領導者的責任不是僅僅考慮員工個人才能的釋放問題，而是應該根據每個員工個人才能的特點，加以組織起來並形成團體合作力量的問題。沒有團體合作的個人才能，僅僅是局部的效應；如果要真正構成了重大的競爭勢力，必須有效地把這些分散的個人才能組織複加起來構成團體合作的結構力量。因此，企業領導者御人之術應該注重員工凝聚力的培養，這是一個企業管好人、用好人、人氣旺盛的標誌。」這就是說，企業領導者管理員工應該從「大處著眼，小處著手」，充分把個人放在整體中考察和任用，力戒鼠目寸光，僅顧眼前利益，易忽視長遠規劃。企業的生命應當是持久的，要做到這一點，企業領導者如何把員工塑造成為一個「團體合作結構」，至關重要。

如果領導者跟他們的下屬太遠，「磁力」便不會發生作用，所謂的團體精神也就不存在了。這就是領導者高高在上，脫離下屬的後果。試想，脫離員工的領導者還有什麼意義？因此，企業領導者切忌成爲「獨行俠」。

第七招

實效

重要的不是你告訴別人什麼
而是別人聽到了什麼

號令一方面是為企業利益服務，另一方面是為有效管理人服務，只有嚴厲準確的號令，才具有法規效應；言辭模糊、語義不清的號令只能是一紙空文。

對於一個經理人來說，要緊的不是你在場時的情況，而是你不在場時發生了什麼。

——美國管理學家R・洛伯

號令不明，管理大忌

企業領導者作爲號令的發布者，一定要明白號令的法規作用，切忌隨意施令。對有的領導者而言，號令不明是存心的，因爲他想考驗一下自己的下屬的領悟力。還有的領導者則是自認爲他的命令已經很明確了，很清楚了——所以如果下屬還搞不懂的話，就不關他的事了。這兩類領導者，前者太精明，後者太糊塗，但他們都犯了一個致命的錯誤：他們忽略了號令不明的後果，損害的是整個企業的利益！

作爲領導者，一個很重要的任務就是發布命令，有的領導者向下屬發布命令時曖昧不清，呑呑吐吐，不但容易讓下屬產生誤會，並且會被下屬輕視！

即使有些下屬你難以對其下命令，但是，只要你多用點心，就一定會發現他與你有共通之處。不同的僅是，你爲了要挖掘你們共通的地方，需要花費一段時間而已。你必須找出造成下屬與你格格不入的原因，去除與下屬之間的隔閡，便可使彼此間的疙瘩迅速消失。

某位科長，由於得不到下屬的協助而深深地困擾著，他向上司訴苦。上司提醒他：「你在命令下屬時，是否有明確地指示出命令的內容和目的呢？」

經上司指點，這位科長突然醒悟，原本在這之前，他從未向下屬說明命令的目的，於是他改正了這項缺點。「這項資料必須在下個月舉辦的職員大會中提出，所以，你必須在會議舉行的三天前完成它。」「這則求才啟事除了登在報紙，還可以刊登在求職雜誌上，你要將這點列入考慮，並且儘快做好它。」

命令下達得十分清楚明確，下屬的士氣才會提高，並且精力充沛。每個人都會對自己的工作懷有留戀之心與充滿責任感，如果上司認同自己的能力，是件相當令人興奮的事。自己的職務在全體中佔有何種地位？瞭解這個事實亦會大大提高工作的意願。

某位主管對下屬說明：「你要做的這項資料，是要用來證明甲公司的產品比乙公司的產品優良。」下屬亦忠實地遵守此項原則。然而下屬完成的資料中居然都僅在陳述甲公司產品的優良，而忽略了對兩家公司做公平的比較。這雖然是下屬顧慮太多而導致的結果，但是身為上司也應該在說明指示內容的同時，明確地表達「……要以公平的比較方式為前提」才能萬無一失。

只有命令清晰、易懂，下屬才能準確無誤地去執行，提高工作的效率！

號令不要千人一面

領導者發布命令，倘若只用一種方式，一種口氣，十人一面，顯然並不適合。因爲每個下屬的年齡、個性、愛好都不相同，領導號令也必須因人而異。號令不明的另一個原因就是下屬個人的因素。

假設下屬王某擅長寫信，文句也用得很正確，那麼王某在拜訪客戶前，必定會事先確定對方的時間，也習慣與對方約定後，才動身前往。因此，你不可建議王某：「那種方式太慢了，你要出其不意地去拜訪，而且所有條件都要要求對方同意。」被你這麼一說，王某可能會不知如何處理事情。因爲，他有自己的做事方式，如果你無視於此而胡亂下命令，反而達不到目標。這與足球教練要求擅長左腳的球員改成右邊鋒相同，都是錯誤的策略。

上司在對下屬說明命令內容時，必須用對方易於理解的方法。上司要在考量過下屬的個性、能力與特色之後，再使用妥切的詞句來說明。

雖然你對工作保持著相當的熱情與積極性，但是你的下屬中，卻有部分的人對工作欠缺自信。面對此類型的下屬，你必須儘量使他有機會嘗到成功的喜悅。對他而言，這很可能是一個重要的轉機。

對於自信心較差的下屬，下命令後，你必須盡全力地協助他得到成功，對於厭煩、不利之事，必須率先面對它，遇到客戶表達不滿時，也應該挺身而出，主動處理。你要將錯誤視爲是自己的責任，而不傷害到下屬。如果下屬得到成功，則這段努力的過程必會激起他的自信，而且你也徹底地塑造了他身為企業界人士所應有的人格。

勝利是世界上最好的能量來源，也是你最依賴的支持者。由於獲得成功，下屬對你的信賴也會加深，即使下屬沒有達成任務，但是他對你的感激與敬意，並不會受到影響。這一切都是在「這兒最好」的機會中才可能發生。但是事情未必就會一帆風順，這個機會是否能夠成為他向前飛躍的「跳板」在往後的路上，你只能期待他自己的意志力。

只有因人而異，領導的號令才能讓下屬充分理解，然後才能得到徹底的執行！

莫讓令出多門

號令不明的第三個原因是令出多門，讓下屬無法適從，不知聽哪一個的好！

比如，只有總務科長才能對總務的職員下命令，會計科長或採購組長並不能直接對總務部門的職員交代任務，因為此行為違反了規定。因此即使職員受到其他部門上司的命令，也不必聽從，只需表明：「請你去向總務科長說明。」相對地，你在對下屬交代任務時，也不能忘了此項原則。即使你對其他部門的職員下命令，對方也不會聽從你，萬一答應你，公司的指揮系統即可能因此而混亂。

這雖然是一項死板的規定，然而，若職員們不確實遵守，公司內部會秩序大亂。因此，當其他部門的科長對你的下屬命令時，你必須提出抗議，並且斷然拒絕：「你若要對他下命令，必須先經過我的同意。」然而有時你的直屬上司會越權，而直接命令你的下屬。如果你的上司命令的工作內容輕而易舉，則無傷大雅，若是一件困難、重要的任務時，你必須斬釘截鐵地陳述你的不滿：「你這樣做讓我很為難。」假如越級的命令重複地發生，甚至形成一種習慣，這會對你的職務產生影響，你必須立刻加以制止。

在小規模的公司或工作場所中，通常難以表達自己的意見。若你嚴守秩序，反而會影響平時的工作進度。遇到類似的情況時，要有心理準備，必須臨機應變。

莫讓令出多門，你的下屬才能認認眞眞只聽從你一個人的號令，不至於張冠李戴，發生不必要的誤會！

寬嚴適中

號令不明的原因還與領導發布命令時的態度有關，太寬鬆了下屬心不在焉，不當回事，太嚴厲了下屬心驚膽戰，一不小心就漏掉了一句話，但又不敢多問。因此，必須寬嚴適中。

該寬的時候：

上司比下屬更加勤奮工作，是天經地義的事，上司理應卯足全力地工作，因此，遇到分配給下屬他所不願負責的工作時，也毋需太在意。

有時你會遇到下屬如此不愉快的回答：「要我做啊！」「你說要做，我就做。」「科長，你自己負責不是更好嗎？」遇到這種情形時，你最好不慌不忙，慢慢地對他說：「是嗎？好啊！我做好了！」然後自己認眞地去做。

可能你會爲此動怒，可能你會忿忿不平。「爲什麼我得處處顧慮到下屬？世界上竟有如此不合情理的事？」但是切勿發怒，因爲現在的你正受到公司上下全體同仁的注目。如果你因此被認定爲是「器量狹小，愛耍威風」，豈不是更糟，成爲一個充滿朝氣而且寬宏大量的主管才是最主要的任務。

但這也只限於剛上任時，若你一直處處爲下屬著想，是會被下屬看輕的。因此，在與下屬稍微熟悉之後，就必須嚴格執行自己的命令。

剛上任時，若遇到討厭的下屬抵制時，你會採取什麼樣的方式呢？或許你會自忖：「這傢伙，等我習慣之後，一定要採取報復行動。」相信這是人之常情，也毋須爲自己的想法感到羞恥。或許你也可用上述的想法來改變自己的心情，不過，當你眞正地習慣一切事物時，復仇的情緒早已消失了。

該嚴的時候：

一般說來，公司和職員是平等的。因爲職員是以雇用的契約爲基礎，方成爲該公司的職員，所以，兩者可算是平等的。但在公司體制內，上司與下屬之間的關係，絕對不是平等的，而是上與下的關係。在對下屬下達命令時，不可忽略了自己的立場。

昨天你仍和大家在同一崗位上，如今卻只有你被擢升爲主管，相信你必定有些顧慮。起初眾人可能無法適應新的轉變，因此你亦不必太在意。但是，你必須儘早製造機會來明示你們之間的關係。若忽略了這一點，則有可能發生下屬不遵從命令的情形。

當你是以命令的心態面對下屬，然而對方卻可能誤以爲你只是單純的與他聊天或者商量某件事情而已。例如，科長說：「你認爲A案和B案，哪一個比較妥當？」下屬回答：「A案不是比較好嗎？」於是那位科長說：「好吧！那就請你做囉」。

雖然這位下屬說話的用詞並不妥當，但是那位科長的語氣更犯了大錯誤。因爲無論你再如何地等待，下屬也不會主動地去做事。此時，你應當明白地告訴他：「那就這麼決定了，你在這個星期內將它完成。」

只有該寬時寬，下屬才能充分理解你的號令；該嚴時嚴，下屬才不敢掉以輕心！

拿不聽號令者開刀

也有故意不聽號令的態度蠻橫的下屬，對付這種下屬，必須毫不猶豫地拿他開刀，否則你的號令不明將是常有的事！

好比你下了道命令，但是對方卻沒有依照指示實行，這必定存在有某些因素，所以，你必須去除這些障礙。而最主要的原因通常是組內成員的人際關係。或許在你的組裏有性情乖戾的下屬，或者與你同期進公司的同事，甚至也可能有比你年長的下屬，這些人在接到你的命令時，都會企圖暗中破壞。

若是基於各種因素而造成下屬對你不滿時，相信對方會期待自己的阻撓行爲造成你的失敗；即使沒有那麼嚴重，對方也會因爲你的困擾而沾沾自喜。在這種情況的背後，嫉妒是最主要的因素。「嫉妒」是個難以處理的致命傷，它超越了利害、常理，並且燃燒著盲目的動力，正不計得失地向你襲擊過來。企圖說服此類型的人，通常都是徒勞無功。即使你誠心地想和他交換條件，對方也不會動搖。

應付嫉妒的方法只有一個：耐心地等待對方嫉妒心的緩和。若你無法等待，且由於他的緣故而嚴重影響到你的工作時，你必須運用各種手段將其排除。你可以與你的上司商量，採取一些包括人事異動在內的策略，以防止受害範圍更加地擴大。

或許妨礙你工作的原因也會存於下屬的腦海裏。假設那是一種偏頗、先入爲主的觀念，或者是一種頑固的期待。假設你是業務部的科長，你交代下屬某項任務，然而他始終認爲「這件工作應該由管理部做」，可想而知，他是不可能忠實地完成你的命令。由於「這件工作不是我們科裏應該做的」觀念永遠無法消除，造成下屬不會用心地達到你的目標。如此一來，不僅造成你的困擾，下屬亦會感到委屈。

瞭解到這一點時，你必須向下屬詳細說明直到對方完全理解爲止。

這位下屬也許正在煩惱，此時，就算你強迫他接受，也不會達到任何效果。若能夠使下屬充分瞭解工作的內容、意義、價值，以及可能造成的影響，相信他必能全心投入工作中！

只有這種不厭其煩的做法，才能讓態度蠻橫的下屬對你的號令完全理解，完全照辦！

令出如山，不可動搖

在工作中，總有一些下屬心懷叵測，在你下命令時故意裝作不明不白，對付這種人，你必須始終抱著一個原則：令出如山，不可動搖！只有這樣，你才能在下屬當中建立起領導應有的絕對權威！

若下屬能夠依照你的意願而完成所賦予的任務，就沒有問題，但是在現實生活中，並非一切皆如此順利。相信你一定有過因遇到阻礙而無法達成工作目標的經歷。例如：無法達到預期的營業額、經費超出預算、拿不到預約的原料、無法在約定期限內交貨、無法回收成本，諸如此類的情況，相信你經常碰到。或許你也可能聽過下屬的埋怨：「這很難辦呢！」「請再多寬限幾天。」「我已經盡力了。」你應該如何處理呢？

基本的原則是，你不可輕易地與下屬妥協。雖然達成目標並非易事，然而若每次皆延遲進度，重新修正，最後任務的內容就變得含糊不清。即使對下屬有些過意不去，你仍須堅定地重複你的命令。你需要大聲地激勵對方：「不要淨說些喪氣的話，努力去做看看！」做一個可以對下屬說出不講理的話的上司，這不也是一種理想嗎？

下命令時，你必須大略預測一下未來的情勢：遇到此種狀況時要如此做，演變成那樣時則需要那麼做。在最後的階段時更需用心，詳細地指示下屬，如此就比較不易出問題。我們經常聽到有人主張：下命令要簡潔，但若因此而產生錯誤，不就只是白忙了一場，故應該改爲下命令要詳盡，不給聽令者留下退路。

仔細地說明命令的內容不會有任何壞處。雖然有人認爲：「一旦全部委託下屬，就不要橫加干涉。」但若拘泥於此，可能會失敗。你必須在適當的時機，對下屬不厭其煩地叮嚀、確認、監督、激勵，有時甚至需要伸出援手，或許下屬會覺得厭煩，你也無須太在意。

當然，換一個角度看問題，如果上司太過熱心地叮囑，太過於督導下屬，也會產生問題。並非一切事務皆可盲目地往前衝。在完美主義的上司底下工作的人比較辛苦，而且有時壓力也會重得使你承受不了，不過，也許你會覺得這是一個新趨勢。

你是要鍥而不捨地追求，抑或就此緊急煞車？是堅持己見，或是與對方妥協？若選擇與對方妥協，妥協的極限又在哪裡？諸如以上情況的判斷，都是牽一髮而動全局的。

判斷也會因內容的不同而有所變化。雖然我們無法提出一個總體的結論，但在此建議一個在所有的情況下，你都必須考慮的基本原則。那就是，以員工幸福的觀點來考慮一切事物，不要只顧追求的利益。由於業務的擴展而造成了刑事責任的追究，並且失去了員工的信賴，類似這種企業消息每天都會出現在報紙上。你必須牢記，員工若不幸福，就不可能興隆。

另外一個原則是，企業的目的必須以完成社會的正義爲宗旨，簡單地說，就是對社會要有所貢獻。一個公司若只以賺錢爲目的，員工們必定會自甘墮落，你與你的下屬就會在這家公司裏虛度歲月了。總之，無論堅持還是妥協，都必須時刻考慮到下屬的幸福，然後在這個前提下，堅持你的號令不動搖。

第八招

利導

只有正確的刺激
才有正確的反應

由於人性的特點，領導可以靈活地用多種方法巧妙地糾正下屬存在的問題。下屬總有犯錯的時候，除非他是機器——機器也有發生故障的時候。而懲罰只能讓人記住懲罰時的痛苦，至於自己做錯了什麼根本早已忘了。

如果一個組織不為人們提供使他們成熟起來的機會，或不提供把他們作為已經成熟的人來對待的機會，那麼人們就會變得憂慮、沮喪，並且將會以違背組織目標的方式行事。

——美國管理學家C・阿吉里斯

懲罰未必有效

企業事實證明：專用懲罰，只能說明企業領導者管理無術；兼用懲罰，說明領導者管理有術。

懲罰與獎勵是啓動員工積極性和創造性的必要手段，但是如何運用獎懲則是智慧的體現。除了必須履行獎懲法規外，不顧對象的懲罰或者自以爲是的懲罰，並不一定能從管理本質上產生管理效果。現代企業的大多數領導者和主管也都習慣用懲罰來改正下屬的錯誤，但事實上，這種做法未必有效。初看起來，我們的觀點似乎有些矛盾，但是我們實際上討論的是「軟性懲罰」的問題，這個問題在國外企業中已經成爲重要的管理理念。

考慮到領導者懲罰下屬的動機，並不是爲了懲罰而懲罰，而是爲了改正下屬的錯誤，使下屬成爲眞正的人才。雖然這種動機沒錯，我們也能理解，但事實上我們完全可以用別的手段來達到改正下屬錯誤的目的。懲罰的方式一般有批評、罰款、責令寫檢討書等，其結果不是給下屬的自尊帶來傷害，就是給下屬的收入帶來損失，更嚴重的甚至有體罰。事實上，只要是懲罰，就會給下屬帶來傷害，這種做法會在下屬身上激起程度不等的反抗，它的效失大於得。

不要發脾氣

發脾氣是一種沒有修養的表現，當下屬犯錯誤惹得你大動肝火時，請別忘了下屬也許會因爲你這種沒有修養的表示而不接受批評。

(1) **不要直接注意一個人的錯誤**

當你看到什麼事情出了毛病的時候，當你看到誰做錯了的時候，你只需要走過去問一聲：「怎麼了？」就足夠了。這裏需要記住的規則是不要涉及人，不要點出任何人的名字，當你問「怎麼了？」時，你不要追究任何人的責任，應把注意的焦點集中在錯誤上，集中在錯誤的本身上。

有必要指出最後一點：要改正的是錯誤而不是人。當你改正人的時候，那就是人事問題了，那時批評一個人是必不可少的了，但你的目的不過是改正錯誤，使它不再發生，如果再涉及到人，就會使事情適得其反，不利於工作。

(2) **首先取得全部有關的事實**

如果你能透過詢問把改正錯誤所需要的全部事實都收集起來，那是最好不過的了。那麼你已能夠就地把問題解決，然而有的時候，人不能馬上把改正錯誤所需的全部事實都告訴給你，尤其是當你也屬於犯錯誤的人之中的時候。

有的時候是由於你下達指示時沒有講明確而造成的，有的時候是由於規章制度不適當造成的，有的時候是由於工作安排不妥造成的。不要忘了，你有的時候也會犯一些愚蠢可笑的錯誤，只是你手下的人大多數都不會告訴你，只有那種伺機報復你的人才會在這種情況下指出你的錯誤，但我還是希望你不要進入那個行列。

(3) 如果有必要進行一次正式的會晤，你要選擇時間和地點

如果你的問題通過運用前兩個步驟順利解決了，那是再好不過的了，如果必須得和一個人正式會面才能解決問題的話，那就得找他進行個別談話，而不可讓其他人參加。這是這一步驟最關鍵的一點。

你的辦公室作爲會面的地點是最爲理想的，因爲那裏到處放射著你的權力的光芒。從經驗來說，如果上司來到你的辦公室來見你，那通常都不會是一次正式的訪問，也不可能是爲了什麼事情出現問題而來。但是，如果他把你叫到他的辦公室去的時候，幾乎總是有什麼事情出現了差錯。

有的管理人員認爲星期五的下午是找人促膝談心、糾正他人錯誤的最佳時間，這樣的話，有可能使這個人整個周末都悶悶不樂，直到星期一來上班也不會感到心情舒暢。有的人喜歡利用星期一早晨的時間找人談話，從我的經驗來看，這也不是個較爲恰當的時間，因爲除了你自己以外，沒有人會眞心爲一周的工作進展情況著想。

(4) 在改正你的下屬的錯誤時絕不要發脾氣

無論遇到什麼事都不要同你的下屬或者你的員工發脾氣，尤其是不能在商量解決問題的時候發脾氣。如果你發了脾氣，除了在兩個生氣的人之間展開一場憤怒的爭辯之外，絲毫不會有什麼結果，生氣只能導致批評人，並不能改正錯誤。實際上，一旦發起火來，你也就未必還能記得你當初要找他談話的目的了。

發脾氣除了令你肝火上升、血壓升高以外，事實上什麼效果也達不到，如果碰上軟硬不吃的下屬，說不定還會碰一鼻子灰。

不要有偏見

用懲罰的方式糾正下屬的錯誤本已不可取，懲罰時領導帶著偏見就更不會讓下屬接受了！

(1) 總要以眞誠的表揚和稱讚開始

絕不能讓一個人剛走進你的辦公室就有一種鬱悶的感覺，你也絕對不能像清點東西一樣一個接一個地指出他的性格方面的弱點，一個人不能忍受別人接二連三的數落。

應該採取完全相反的態度，從一開始就表揚他，說他的好處，說他的工作做的好，說你在許多方面得依靠他，但還有一件小事需要同他商量研究一下。

好聽的話有助於營造一種友好、合作的氣氛，表揚和恭維能打開人的心扉。要記住馬克・吐溫說的那句話：一句順耳的恭維話足能使他活上兩個月。你可以使用恭維話使別人心懷愉快地接受你改正他的錯誤的建議。

(2) 用你自己的觀點去幫助能理解你的觀點的人改正錯誤

一個既能改正別人的錯誤又不使他受到任何刺激的最好方法是讓他知道你也不是一向正確的。當然，他可能已經知道了這一點，但是如果你讓他知道你也知道這一點的話，那情況就會大不相同了，這有助於他接受你的建議而不是相反。

(3) 給你的下屬說話的機會

如果你能給你的下屬說話的機會，他就會告訴你他的事情。大多數的人都願意把當前發生的事情告訴你，他們希望能把事情向你講明白，如果你能給他們一次機會，他們之中的大多數人還是願意說話的

如果一個人不想說什麼的話，那就向他提一些主要的問題。要接二連三地問爲什麼。當你得到了所有你能得到的答案時，你就佔據了可以幫助他的位置，這個位置可以幫助你改正他的錯誤，最主要的是通過採取適當的措施可以避免錯誤再犯。

(4) 要仔細地權衡所有的事實和證據，要排除任何傾向和偏見

在你進行一次正式的會晤之前，要收集足夠的證據去證明你的想法，在收集證據的過

程中，會有不少從前你沒有注意的情況顯露出來，那可能使你看到員工的正確的一面，這時你發現已經沒有讓他改正錯誤的必要了，如果是這樣的話，那你就得馬上決定不再進行會晤，但不能讓這個人知道你曾經懷疑他犯過什麼錯誤。

「無論什麼時候我有了疑難之處或對什麼事情拿不定主意，我就把曾經被我懷疑過的人請到我的辦公室來。」一位優秀的企業主管說，「我對他講出我心中的疑問，並請他給我出出點子。例如有一段時間，小工具的遺失率急劇上升，我把偷竊人的範圍縮小到三四個人。每次我找他們其中的一個人談話，並把遺失小工具的事告訴給他們，作為我請他們到我辦公室來的藉口，我說我有事請他們幫助，我就怎樣處罰偷竊人的問題向他們請教。談話過程中我隨時都向他們暗示我們已經知道誰是偷竊人了，我所需要的就是看看他們對這個問題及其處罰持什麼樣的態度。我以同樣的方式逐一找那幾個人談話，並告訴他們不要把談話的內容對任何人講，結果，遺失小工具的現象停止了。

直到今天我也不知道究竟是誰偷了東西，實際上我根本就沒有想追查是誰偷了東西。偷東西的人有可能在我找他們談過話的人之中，也可能不在。如果不在其中，我找人談話的事情也會通過小道消息散佈出去，肯定也會傳到偷東西的人耳朵裏，這樣一來，不僅丟東西的問題得到了解決，也保住了那個偷東西的人的工作和面子，豈不是一舉兩得。」

偏見會使領導者失去在下屬眼中應有的公正形象，又哪來的資格批評下屬？糾正下屬的錯誤？

給下屬一個好印象

用懲罰的方式改正下屬的錯誤的領導者，給下屬留下的印象再好也好不到哪裡去！只有換一種方式才有可能。

(1) 如果需要懲罰時，一定要處罰適當，不能過於嚴重

在你要對一個錯誤給予處罰之前，要把你所掌握的全部證據和事實反覆推敲一下，看看找那個犯錯誤的人進行一次正式談話的條件是否充分，是否還需要補充什麼。但是，如果一旦你下定了要處罰他的決心，你就得提醒你自己：處罰的唯一目的是為了改正錯誤，不是為了別的。絕不能有為了處罰而處罰或者為了報復而處罰的心理。

這種對待犯錯誤人的態度在商業上、工業上和在司法上沒什麼兩樣。當你持有不正確的態度時，受到懲罰的人就會有一種對他不公平的感覺，這就為公司埋下了出現各種問題的隱患。

(2) 讓犯錯者自己選擇處罰方案

發現有一種好的方法可以推廣應用，那就是讓犯錯誤的人自己選擇對他的處罰方案。先問一個人在這種情況下他應該怎麼辦，你會驚異的發現，在大多數情況下，他都能認眞地對待現實。在一百次中會有九十九次，他們自己給自己的處罰都要比你將給他們的處罰更嚴重，這樣一來，當你宣佈對他的處罰時，他會大喜過望，他會感恩戴德，會把你當成恩人。

就是對於那些對自己所犯錯誤的嚴重性估計不足的人，你要把處罰的理由講清楚，要做到有理有據，即使對他的處罰比他自己想的可能更爲嚴重一些，只要你能把理由講充分，把態度擺正，他通常都會以高姿態接受下來的。這種情況畢竟很少發生，大多數人給自己估計的處罰都會比你要給他的處罰嚴重。

(3) 要強調獲得的利益

如果你只靠發布命令要求人們來做什麼事的話，遠不如你用鼓勵的方法去讓他們做什麼事來得好，尤其是在想讓一個人改變他的做法，或者糾正他的錯誤的時候，就表現得更爲突出了。

(4) 要以對這個人的工作給予眞誠的表揚和稱讚的話語結束同他的會晤

不能用讓人聽起來不愉快的話語結束你和別人的會晤，也不能說一些讓人感到壓抑的話，甚至是批評時附帶著安慰都不能稱其爲一次理想的會晤。改正了一個人的錯誤，應該讓他留下一種得到了幫助的印象，而不是留下一種挨了批評的印象。

正如伯納德·巴魯克所說：「有兩件事情讓人頭疼，一是爬樓梯，二是管理人。」如果你能在你們談話結束的時候，用手輕輕地拍一下他的後背，你就會給人留下表示友好的印象，他也會感到溫暖，而且會對這次談話留下較好的印象。

只有在下屬的心中有一個好印象，下屬才會打心底裏接受你，順利地糾正錯誤。

不要頻繁地改正下屬的錯誤

如果某一段時間裏，你不斷地試圖糾正某個下屬的錯誤，那麼要不是他已無可救藥，就是你故意針對他。如果是前者，把他解僱了事，犯不著多費口舌；如果是後者，那就是你的錯誤了。

(1) **要表揚每一個進步，不論這個進步有多麼微小**

世上沒人會把經常被人改正錯誤當飯吃的，如果你不得不經常給別人改正錯誤的話，那你就得對事不對人，就得想辦法避免刁難和批評人的嫌疑，你要改正的是錯誤而不是人。

如果你想讓你的下屬把工作做得盡可能的好，如果你想獲得駕馭他們的卓越能力，你就得經常表揚他們，不管他們的進步有多麼微小，只要有點進步就要馬上表揚。

所以，我最願意做的事就是表揚人，我最不願意的就是發現別人的毛病。如果讓我隨心所欲的話，我會毫不吝惜、慷慨大度地表揚我所能表揚的一切人。

那麼你打算怎麼辦呢？

(2) **給你的員工以超出他成績的高度評價**

如果你能夠做我上面教給你的那種只要有點進步就要給予表揚的做法，表揚別人就會成爲你的習慣。不管什麼時候你表揚了一個人，他就會有再讓你表揚的欲望，當你表揚他的工作時，你就是給了他一個很高的榮譽。如果你爲一個人制定了一個高標準，他就會知道他還沒有達到，不用你去告訴他他自會去努力。但是如果你不爲他制定一個標準，他就會沒有任何目標，正像喬斯・伊圖爾畢所說：「只有當對一個人的評價超過了他的成績時，他才能感覺到那是一種榮譽。」

(3) 如果有必要的話，要緊接著進行第二次會晤

如果爲了改正同樣的錯誤還得需要一次會晤談話的話，那就得需要採取更嚴厲的辦法了。在第一次會晤時，所有你需要做的只是播種。第二次會晤，那就是耕耘的時刻。如果還需要第三次會晤，那就到了該收割的時刻，如果還需要第四次，我的朋友，我可以坦率地告訴你，你確實不具備耕作的能力。

(4) 不要過於頻繁地改正一個人的錯誤

像我前面已經說過的，如果你不得不經常給一個人改正錯誤，那你就得檢查檢查自己了。很可能是你對那個人所抱的成見太深了，即便你可能也沒有意識到這一點，如果是這樣的話，表明你過於感情用事，你的判斷難免有失準確。

作爲領導者最後請牢記：如果你要糾正下屬的錯誤，最好不要超過三次；三次以後，你可以想想別的辦法了。

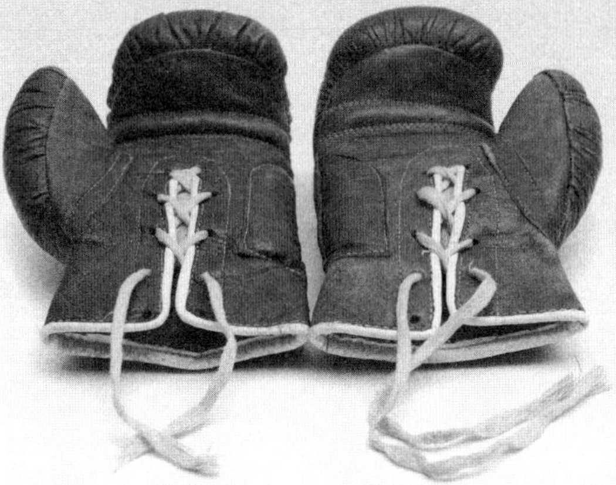

第九招

周旋

讓下屬更賣力地工作
只需一個巧妙的主意

一個辦公室裡並不都是能主動自覺地工作的人，有的下屬在強迫、威脅和恐嚇下確實賣力地工作，然而這樣的情形沒有持續多久，因為有的辭職不幹了，有的跑去老闆那裡告狀去了！

當一個人處於輕度興奮時，能把工作做得最好。當一個人一點兒興奮都沒有時，就沒有做好工作的動力了；相對地，當一個人處於極度興奮時，隨之而來的壓力可能會使他無法完成本該完成的工作。

——英國心理學家羅伯特・耶基斯

三種失敗的方法

作爲領導者，主要的職責就是督促下屬工作，可是，如何才能有效地督促下屬工作呢？不少企業的領導者和主管選擇了強迫、威脅和恐嚇。事實上，這三種方法也是最常用的。

經常有些從事管理工作的人來告訴我說，他們明知道說服是讓下屬們做好工作的最好方法，也明知道說服要比強迫、威脅、恐嚇更有效，可總免不了有用降級、解僱、調動邊遠地區、暫時停職或者免去特權等方法威脅下屬的情形，其原因多半是除了這樣以外再也想不出什麼別的辦法了。

正像一位廠長說的那樣：「我知道我不應該用威脅或者讓人不安的方法去對待一個工人，但有的時候，我簡直要氣瘋了。我已無法控制自己的感情，只好對人咆哮發洩一頓，我知道那很不好，但我所承受的壓力實在是令我忍無可忍，除了發火以外，不知道還有什麼辦法解我一時的惱怒。」

爲什麼像這樣一位很有工作經驗的廠長會用威脅的方法督促人們做好工作呢？這是由於沮喪、惱怒、憂慮、沒有耐性、缺少時間等各種壓力促成的，此外，他也有許多難處和恐懼，像我們一樣，他也是一個人。

就讓我們拿那個企圖用解僱、降級、罰款停職、調轉或免去特權等方法來威脅工人服從他的領導者爲例吧，其結果會怎樣呢？我敢向你保證，他會發現不僅沒有把別人嚇住，反而使自己陷入被動的地位。因爲他將面臨士氣低落、不服從、曠工、質量下降，產量降低、廢品增加、盜竊等各種各樣的問題，嚴重的還會出現怠工現象。

正是由於這種原因，不宜採取威脅、恐嚇或者強迫的方法，採用這種方法只能會使問題越來越多，而不是越來越少，而且採用這種方法所引發的問題一般都比原有的問題更難於解決，最值得注意的是，採用威脅、恐嚇或強迫的方法只能導致仇恨，只能導致對抗情緒。懼怕老板的人很快就會變成痛恨老闆的人，然後就會處心積慮地詆毀他或破壞他。

請不要再犯使用恐嚇和強迫以求獲得卓越的駕馭下屬的能力的錯誤，那樣做遲早會失敗的。若是你引導下屬，他們會高高興興地跟著你走。你若推他們，他們就會向後坐。只有對奴隸或者犯人才可以使用恐嚇或者暴力的方法，但是一有機會，他們也會奮力反抗的。

如果你也曾使用過這三種失敗的方法督促下屬工作，請立刻改正過來，並嘗試用說服的辦法牽引他們前進。

如何讓下屬改變想法

無論是思想還是行動，每個人都有自己的習慣，你的下屬也不例外。但當你的某個下屬的慣性思想、行動與整個隊伍不配合的時候，你有必要改變下屬的固有想法，督促他和別的下屬保持一致的工作進度。

爲什麼人做事總有自己的一套辦法，或者總是按照自己的習慣去做呢？原因有二：首先，那是一種習慣。其次，是因爲他們覺得那樣做對他們自己有好處。不管這種好處是他們想像之中的，還是眞實的，都沒什麼關係，都沒什麼區別。只要一個人認爲那樣做會得到好處，他就會那樣做。假如一個人相信生白菜汁能治他的胃潰瘍，他就會喝生白菜汁，不管其有多麼難喝。

如果你想讓一個人改變他的思維方法，你就必須得這樣做。**如果你想讓他改變他的工作習慣，你就必須給他提供一種新的工作方法，這種方法能使他獲得比他原來使用的方法更大的好處，只有這樣，他才有可能接受你的新方法。**讓他知道，當他按照你的要求做了之後，他會得到什麼具體的好處。例如，告訴他這種改變會怎樣增加他的生產量，增加產量就意味著多賺錢，讓他明白，這種增加產量將會給他帶來一種成功的感覺，向他指明這種成功是他的一種驕傲，會使人們感到他更重要，只需採用一個微小的變化就能使他獲得巨大的好處。

這是說服一個人改變自己的想法或做法的最快捷、最可靠的方法。向他顯示如果他按照你的要求做了，他將會得到什麼好處。如果你一時還想不出能爲他帶來什麼好處，你就要不斷地想，直到你能想出爲止。不要要求他去改變什麼。

當你要求一個人改變某種不適當的工作方法或者糾正某種不良的習慣時，其含義是他錯了，你對了。但不能強調這一點，不要讓他丟面子，也不能讓他感到難爲情。讓他保持尊嚴和自尊心，因爲那也是人的基本需求和願望之一。只要你強調指出他按照要求做了會得到什麼好處，他就會按照你的要求去做。那樣就不難改變他的思想方法了。當他這樣做了以後，你也就獲得了卓越的駕馭人的能力。

不要向下屬推銷自己的特點

利益永遠是牽引一個人前進的最好的誘餌。

如果你要督促下屬改變想法，按你的方式工作，最好的辦法就是告訴他如果這樣做會有什麼好處，而不要絮絮不休地告訴他你那種工作方式的特點。記住：沒有人會對特點感興趣，即使它有多麼特別；吸引人的永遠是利益。

總之一句話：你在督促下屬工作時不要向下屬推銷自己的特點，而要推銷利益。

爲了獲得駕馭下屬的卓越能力，你有必要既作推銷員又作經理。你想推銷什麼？你自己，你的思想，你的方法，你的程序。如果你想讓你的下屬拋棄他們的舊思想，接受你的新觀點，你就得告訴他們，他們接受了你的思想之後會得到什麼好處。人們往往不願意輕易放棄他們的舊思想，除非他們確實相信他們接受了你的新觀念之後他們會得到更多的好處。

利益是人們最關心的事情，每個人在他按照上司要求做一件事情的時候，首先考慮到的就是他將會得到什麼好處。這樣，你就需要知道人們需要什麼好處，從而有效的提供這方面的好處。如果他在某個特定的時期不需要那種好處，你的努力不就白費了嗎？正像一個推銷員所說：「你不能試圖拿一個空盒子賣給一個人。」如果你提供的那種好處正是他當時不需要的，那不就等於你在向他推銷一個空盒子嗎？他是肯定不會感興趣的，你必須向他提供有價值的東西，而且還得是那個時候他正需要的。

再告訴你一種前面不曾提過的好處可供你考慮。你可以經常喚起一個人懶惰的感覺，但你不能當著他的面向他直說。正像那些一流的推銷員那樣，你必須轉彎抹角地說，你可以說它舒服，說它方便、省時間、省力氣、有效率，或者其他委婉的溢美之詞，但你心中得有數：每個人都是能懶就懶，得閒就閒。也要在你的員工中喚起他們懶惰的感覺，但不能直說，可以將它美其名曰：省時間、省力氣。這樣，他們馬上就會買你的賬，因爲他們也想在工作中省點力氣和時間。

利益永遠是下屬最感興趣的東西，它無可替代。

對付頑固的下屬

如果一個人拒絕接受你的意見，甚至反駁你的時候，你千萬不要生氣。你絕不可能通過大聲說話或急速說話的方式改變他的思想，更不可能通過威脅的方式改變他的思想，因爲他不可能一下子就用你的觀點看問題。

爲了克服他的這種頑固思想，你得仔細研究他爲什麼不同意你的觀點，把他的頑固思想查個水落石出。若是不能準確地掌握其想法是什麼，你就不可能克服他的頑固。舊的思想方法緊鎖在他的腦子裏，你想把它引誘出來的唯一方法便是向他提出一些問題。

你提出的問題不僅要容易回答，而且還要表達得適當，以便隨時控制形勢。措詞不當的問題會使回答的人感到十分掃興，嚴重者會造成回答思想混亂，甚至產生反感。**爲了能使問題提得正確恰當，以下五條指導原則極其有用。**

(1) 你的問題應該有一個特定的目的

你的目的是讓聽者接受你的新建議或者新觀點，提問題的宗旨是要引導你的聽者直接奔向你的目的。

爲此，我可以採用各種提問的方式。例如，你可以用一個問題喚起對方的興趣並使他更加警覺和注意，也可以用一個問題激發他的思想，或者用一個問題強調一個要點，還可以用一個問題去檢查對方當時的理解力，過後再用一個相似的問題檢查他的記憶力。

(2) 你的問題應該容易理解

一個容易理解的問題也像一個容易回答的問題一樣必要。一個比較難答的問題如果問得簡明扼要，可能並不難於回答。不要提出複雜或者冗長的問題，更不要提出需要一大堆解釋和說明的問題，那樣只會把問題搞混亂。同樣道理，要避免模糊抽象的語言和官樣文章的話，要使用簡潔、明瞭、樸素，最好是由一兩個音節和片語成的句子，以便聽講者一下就能聽明白你的意思。

(3) 一個好的問題只強調一點

最好的問題只包括一點，並且只要求一個回答。不要在一個句子裏包含兩三個問題。如果你的問題要求幾個答案，那你就把它拆開分成幾個問題去問。

(4) 提出一個需要給予明確而具體答覆的問題

一個模糊而不明確的問題會得到一個模糊而不明確的答覆，那完全於事無補。要把你的問題表達到能得到一個明確而具體的答覆為止，不達到目的絕不罷休。

按照這個原則行事的時候，要記住一個人做事，通常都有兩種理由：一種理由是冠冕堂皇的，一種理由是眞實的。要想讓一個人道出眞實理由的最好方法是不停地問這兩個小問題：「為什麼？」和「此外呢？」

(5)一個好的問題用不著猜想著回答

不要問那種可以用「是」或者「不是」來回答的問題，就算問了這樣的問題，也要追問一個「為什麼？」或者「為什麼不？」這種問法可以使你的聽者自己解釋他的回答，你需要的回答是以事實為基礎的。不是以猜想為基礎的。

你提問以後，就要聚精會神地聽人家回答，不要打斷對方的講話，因為那樣做會挫傷一個人的自我意識而使他感到自己並不重要，當你以你的觀點講話的時候，就可能引起他的抵抗思想。

如果你不先集中精力聽他講話，他也就會不願意或者不用心聽你講話。如果你想獲得卓越的駕馭人的能力，你就得彬彬有禮地聽取他的陳述。

這樣，再頑固的堡壘也會被你攻破。

找到最好的時機

有經驗的領導者都知道，督促下屬工作如果選擇時機不對，往往事倍功半；而如果選對了時機，則事半功倍。時機的重要性由此可見。

即使世界上最好的思想，如果應用時機不對，也能使一個人失敗。所以說，你既需要知道一個人什麼時候願意接受你的新思想，也需要知道一個人什麼時候不願意接受你的新思想。如果不願意，你的目的就不可能迅速地達到。下面的三條告誡能使你知道什麼時候他們是不願意接受你的新思想的：

①他問一些不必要的問題。當一個人提出一個問題的時候，從對問題的回答就能明顯地反映出來他是不是對你的話感興趣。如果不感興趣，他就不會認真地聽你講話，不認真地聽你講話也就說明他不願意接受你的新思想。

②如果他又返回到他已經回答過的問題上來時，那就表明他的思想和你的思想之間還有相當一段距離。那麼你除了重新開始之外，別無選擇，最好是再使用一種完全不同的方法。

③他突然間改變話題，或者提出與你的想法完全不同的想法。如果他突然間改變話題，那說明他可能有某種心理壓力，他會迫不及待地對你講出來，如果只

是個人問題，他也許會忍受下去。把他的話聽完，然後一有可能馬上把你的話題再提起來。如果他提出與你的想法完全不同的想法，那他可能是自我意識過於強烈，他會迫不及待地向你顯示他是如何如何地高明，那你就讓他說個痛快。針對他說的話提幾個問題，當他沒什麼可說的時候，你再回到你要講的話題。

你怎樣才會知道什麼時候他願意接受你的新思想呢？有這麼一兩種信號：當他對他自己的思想產生懷疑的時候，當他對你問的一些與他有關的問題發生興趣的時候。讓我們先看一看第一種對自己的思想產生懷疑的情形。

「這就是我的看法，但也可能有一兩點不當。」

「當然，如果我發現自己錯了，我是願意改正的。」

「說實話，我始終沒能這樣看待這個問題。」

「在這個問題上我也有可能錯了。」

「嗯，又不是只有我一個人這樣，有誰從來不犯錯誤？」

當你聽到這些諸如此類的不敢叫眞的話時，就是你該發動進攻的時刻。聽講者現在已經不會拒絕改變自己的原有想法或者做法了，他隨時都可能被你說服，聽取你的意見，依照你的觀點行事。

當他詢問一些從邏輯上看還不算是無關的問題時，也是一種準備接受你的新思想的跡象。當你聽到：誰爲什麼時候爲什麼？什麼地方？爲什麼？怎樣？……諸如這些問題時，表明這個人已經對你說的話發生了興趣。

他十有八九會改變自己的想法接受你的建議，他會向你詢問更多的情況，以使他既能做出認同你的合理決定，又給自己保留了面子。還有，當他想知道他會得到什麼好處的時候，也是一種他準備改變自己的想法的跡象。如果你聽到了如下一些問題，就是你可以向前推進並鞏固陣地的時刻。

「你為什麼讓我用這種方法做事呢？」

「用這種新方法誰會從中受益呢？」

「如果我用你的新方法做，我會得到什麼好處呢？」

「用你的新方法我會得到什麼益處？」

「從這之中我會得到什麼好處？」

「在你的新方法之中，我的好處何在？」

學會選擇最好的時機督促下屬工作，至少你已經成功了一半。

說服下屬的關鍵

作爲公司領導者，在督促下屬工作的時候，經常需要說服下屬。因此，掌握說服下屬的關鍵很有必要。

現在假設你想讓一個人的工作方法有某些改變，或者你想讓他接受一種新思想，但碰巧這個人是那種非常固執的人，他很難接受別人的建議，不管那種建議是如何好，他就是認爲自己的思想是最有價值的。你怎樣才能使這種人改變原有的思想觀念按照你的思想方法做事呢？

你可以讓他認爲這種新想法完全是他自己想出來的。你播種，讓他去收割。你認爲這種方法行嗎？我說行，因爲我已經用了多年。究竟行在什麼地方，最好還是讓別人來介紹。

一個成功的企業領導者對此深有體會：

「我發現讓一個人改變他的工作方法或者工作程式的最好方法，是讓這個人認為這一切都是他自己想出來的。我讓他對這種改變負有全部責任，我表彰他的主動性和預見性，他也相信那全都是他第一個想到的，這樣對我們雙方都有好處，他會感到自己的工作更重要、更安全，而生產效率也得到提高，這是我所期望的，但是，我也遇到過不大容易接受這種方法的人。就拿我們的生產監督員為例吧，上星期五我對他說：『小王，我認為如果我們把三號切割機搬到那邊去，然後再加兩個電動捲繞站的話，我們的生產速度還能提高。我想聽聽你是怎麼想的。』一天後，他來到我的辦公室說：『經理，這個周末，我有了一個最好的主意，如果我們把三號切割機搬到這裏，然後再加兩個電動捲繞站，我們在組裝線上就能少走不少冤枉路，這樣我們的生產效率能提高百分之五到百分之十。我們不妨試試看。』那正是我想讓他發生的變化，這種方法要比告訴一個員工去做什麼好得多。人們都不喜歡被人家告訴怎樣去做他們的工作，他們喜歡按照自己的方法做事。這種建議的方法每次都非常見效，每次我都如願以償。員工由於提出了新的方法受到嘉獎，這樣，我們雙方都感到很幸福。」

對於這種方法只有一個特殊的要求：時間和耐性。要慢慢地去做，切勿急躁。經那個人花費一定的時間去理解和消化你的思想，讓它一點一點變成他自己的思想。切記：你的工作是播種，讓他去收割，給它生根發芽的機會。當你這樣做了以後，你會得到巨大的好處。你甚至不用費力就能獲得駕馭別人的卓越能力。

當你掌握說服下屬的關鍵之後，督促下屬工作的任務至此已全部完成。

第十招

先手

只想自然而然
必會聽之任之

如果你問一個公司領導者：給你一個愛撥弄是非的下屬你煩不煩？答案是肯定的：煩！可是有的領導者不僅煩，而且怕——怕那個愛撥弄是非的下屬讓他下不了台，讓他威信掃地，讓他工作做不好，讓他在老闆面前直不起腰。因為害怕，所以他退讓——結果一退就退出了領導者的位置。

明智地運用權力和果敢地運用權力，是領導工作最為重要的兩個方面。

——法國組織行為學家C·斯特那

如何對付愛撥弄是非的下屬

管理是調和、解決複雜人事關係的煩瑣工作，因爲人各有不同的性格，那些常常愛挑撥離間、惹是生非的下屬自然令人頭痛，難以管理，但是要使員工形成良好和諧的人際關係和工作環境，就必須要解決這個問題，否則公司就會成爲製造是非的地方，致使員工人心渙散，工作雜亂。要做到這一點，切忌讓這種愛撥弄是非的人隨心所欲，應當調教。而要成爲一個合格的領導者，面對愛搗亂的下屬你絕對不能畏懼、退縮！

對於愛搗亂的人，需要特殊的方法對待，而且還得予以格外的注意，因爲他們具有潛在的或者實際的破壞能力。他們能破壞人與人之間的友好關係，他們能在任何團體中製造混亂。

每個工廠，每個商店，任何部門或任何團體和組織都有一定比例的愛搗亂的人。在任何地方的鄰里當中，或者在任何社會團體之中，都不難找到這種人。如果允許他們爲所欲爲，就會對別人甚至整個團體或組織造成極大的損害。

有人統計過，每一百個人當中各種類型的人的百分比約爲：

A組：自我鼓勵型的約占五％。

B組：接受挑戰發揮自己全部能力的約占一〇％。

C組：被有領導能力的人督促才能把工作做好的人約占七〇％。

D組：難處理並且經常給上司出難題的人約占一〇％，對這種人需格外地下功夫。

E組：完全不可救藥的人約占五％。

那部分愛搗亂的下屬，就屬於D組。他們的數目雖然不多，但爲害卻很大，一個企業裏面如果有這麼幾個人，而領導又不懂得駕馭他們的辦法，將會雞犬不寧，嚴重影響企業的工作秩序和工作效率。

誰是製造麻煩的人

在你準備管教那些愛搗亂的下屬之前，先要把他們和其他安分守己的下屬區別開來，鑒別誰才是給你製造麻煩的人，然後才能考慮去對付他們。

首先，也是最重要的一點，你應該知道怎樣確定一個人是否是一個可能造成麻煩的人。正像美國管理大師梭洛所說：「如果一個人的舞步沒有與他的同伴們保持一致，恐怕他是在聽一個不同的鼓手的鼓點在跳，那就讓他伴著他聽到的音樂節奏跳吧，是不會太出問題的。」

不管別人對一個人有什麼說法，爲了確定一個人是不是難以管理的人，你只需回答一個問題：這個人能不能給你造成某種麻煩或者損害？如果能，他就是一個會有問題的人，你就應該想辦法改變這種潛在的威脅；如果他不能造成任何損害或帶來任何麻煩，不管他的外觀是什麼樣，也不管他的穿戴是什麼樣，更不用管他有什麼個人習慣，對你來說他絕對不會是一個成爲問題的人，對於這種人你也用不著操太多的心。

不能因爲一個人染紅頭髮、穿短裙子、吸煙、蓄長鬍鬚，就對他抱有成見，也就是說不能用自己的好惡判斷一個人，那樣會誤導你，更不能拿你自己的對與錯的標準去判斷所有的人。

當你理解了什麼是製造麻煩的人這個簡單的概念以後，實際上你也就掌握了對付他們的具體辦法，甚至你在處理這方面的事情時要比在各個企業中專門從事管理工作的人還要高明得多。

愛搗亂的下屬並不都是流裏流氣、不修邊幅；對此你一定要留意。

預防在先

與其讓那些愛搗亂的下屬冒出頭來才去對付他們，不如在他們剛剛萌生搗亂的念頭時進行預防，藉著做思想工作等手段把他們的不軌的念頭打消，防患於未然。這種預防在先的工作方法，顯然要有效率的多。

當一個人的需要和他的才能及工作需求不相稱的時候，他往往會感到不滿意。下面的四個問題可以作爲指導原則幫助你和你的員工正確評價他的工作和他對工作的態度：

(1)**這個人是否對自己的工作期望過高？**

在多數情況下，一個年輕而沒有經驗的工人往往對自己的工作的期望大大高於自己所得到的，而一個老工人則往往對自己的工作報酬感到很滿意，因爲不是他已經找到了一個適合自己的工作崗位，就是他發現了他的工作能給他帶來一定的生活樂趣。

(2)**這個工作崗位是否對員工的要求過高？**

有的時候，一個工作崗位可能超出了那個工人的工作能力，這就是對他的一次挑戰，結果，他會感到力不勝任和沒有安全感。如果要是這樣，你就必須幫助他發揮他的能力做好那項工作，否則，你就得將他調到另一個要求比較低的工作崗位上去。

(3)**是否工作崗位對那個人的要求過低？**

工作崗位對人的要求過低和對人要求過高同樣能使在這個工作崗位上工作的人感到沮喪，這樣也容易惹出其他員工的一些問題，他們可能對他產生嫉妒的懷疑。

(4)**這個工作是否使他適得其所？**

如果一個人的目的是想發大財，他一定不會滿意於一個沒有機會晉升或賺大錢的工作，你要是碰上了這種類型的人，你就有必要幫助他、引導他，讓他知道他得透過什麼途徑和手段、透過怎樣的努力才能更符合晉升的條件。

如果這四個問題都解決了，並且解決得很好，再愛搗亂的下屬也不敢再有任何製造麻煩的念頭和行動。

「解決」搗蛋分子

當你知道了根據什麼去鑒別一個人是否是個成爲問題的人的時候，你就很容易確定誰是個成爲問題的人。爲了妨礙你的工作，他必須破壞你的生產，你的銷售，或者你的利潤，在這種情況下，所有需要你去做的只是問自己三個簡單的問題，如果你對其中的任何一個問題都不能給予肯定的回答，那他就不是一個成爲問題的人，以下是你要問的三個問題：

(1) **他做的工作是否低於你所要求的標準？**

這個人的工作在質量上和在數量上是否低於你所能接受的標準？他的工作數量是否低於他每天應該完成的數量？他的質量不合格的產品是否比別人的多？他每周的銷售量是否比別的推銷員的銷售量少得多？這個人有沒有按照你爲他建立的規章制度工作而自己另行

一套？若是這樣的話，那他就是在花你的錢，他對你來說肯定是一個問題人物。

(2) 他是否妨礙別人工作？

這個人是否是惱怒或者干擾的禍源？你是否經常發現他在員工之中製造混亂？他是否干擾別人工作？他的質量和數量是否日漸下降？他是否影響其他部門的工作進展？他是否由於自己馬馬虎虎的工作影響同事們的上進心？如果是這樣，那這個人就確定無疑是一個成問題的人，他不僅會妨礙你的工作，也會妨礙別人的工作。

(3) 他是否會對整個團體造成損害？

任何一個團體的聲譽都會因爲它的一個成員的不體面的行爲受到損害，他可以藉由自己的言行在這個團體的其他成員之中製造永無休止的混亂或者把他們推到混亂的邊緣。例如，一個體操隊在表演的時候，如果有一個隊員出了邊界，他就會給整個體操隊造成損失。一個愛惹麻煩的推銷代表能給整個公司帶來不好的名聲。如果你手下中有人工作無所用心，沒有任何責任感，經常使你叫苦，有時還不得不取消命令，甚至失去老主顧，你能對這樣的人掉以輕心嗎？

如果你對其中任何一個問題的回答是肯定的，那就說明你已經碰上了一個成問題的人。如何才能解決這個搗蛋分子？這個問題，應留給你自己來回答。

抓住權力線

那些愛搗亂的下屬，對領導者手中的權力總是虎視眈眈，想盡方法讓領導者爲難；這時，作爲領導人，你必須抓住屬於自己的權力線！這是明哲保身之計。

我這裏所說的權力線，在軍隊中被稱之爲指揮的鎖鏈，在工廠和企業中通常被稱爲組織的權力線。無論叫什麼名稱，也無論這個團體的大小，任何組織總要有一條早已被確定下來的指揮鎖鏈或者權力線，只有通過這條鎖鏈或這條線，所有的命令、指揮、指示、建議才能得到溝通和執行。如果一個團體還沒有建立起一條權力線，那就根本不成爲一個組織，不管這個團體可能叫什麼名字，也頂多不過是群烏合之衆。

當你發布一個命令的時候，適當使用這條權力線是絕對必要的。如果有哪一位你的下屬領導人員的權力線被你越過去了，那麼他們就會在他們自己下屬的眼裏失去了權力，他們就會在一些持有異議的團體裏透過有情緒的領導人去反抗你，更有甚者，還會想方法破壞你，以便保持他們可能失去的地位。

越過你下級的領導人的做法，不僅是違反了良好的管理程式，而且也會在員工中造成混亂，如果你下達給那個人的命令與他從他頂頭上司那裏得到的命令不相一致，其後果就更不堪設想了。

抓住權力線之後，你才有可能反戈一擊，制服那些愛搗亂的下屬。

設想問題要周全

也許有的企業領導者會問：我爲什麼要花費大量時間精力去對付那些愛搗亂的下屬？我把他們統統開除不就得了嗎？

這種領導者的想法太簡單。別的不說，你開除一批搗蛋分子，又招進來一批，但裏面很可能產生一批新的搗蛋分子——如此反復折騰，不把企業弄垮、不把領導者弄得焦頭爛額才怪！

相反，如果你掌握了制服愛搗亂的下屬的技巧，你會得到許許多多的收穫。例如：

(1) **你將把一個不好管理的人改造成爲一個令你滿意的人。**

如果這個不好管理的人是爲你工作的，你就需要採取一些積極的措施，保護你在時間上的投入、在金錢和訓練上的投資。如果你不這樣做，那你就得像軍隊那樣，每隔兩三年換一批人。很少有公司能承受得起那樣頻繁地換人，因爲他們不可能像軍隊那樣有雄厚的資金投入在訓練工人的熟練程度上。

(2) **你可以和你周圍的人建立眞誠的關係。**

你可以運用今天教你的技巧去影響一個難於相處的上司給你一次晉升或者授予權力的機會，你也可以和一個固執而沈悶的同事建立起和諧而友好的關係，你也可以通過努力把你的脾氣暴躁、愛激動的隔壁鄰居變成一個對人友好的人。

(3) **你將會有一種巨大的自我成功的感覺。**

學習如何掌握和控制難以對付和不好管理的人正像攻讀實用心理學或者人際關係學博士課程一樣，是相當艱難的。運用你的卓越的駕馭人的能力，你將學會幾種新穎而又令人興奮的駕馭難以管理的人的技巧。

(4) **你的掌握和控制各種類型人的能力都會得到無限的提高。**

運用今天所學到的技巧，可以使粗暴的上司、固執的權威人士、執拗的顧客以及各種難以對付的人，都各得其所。實際上，這種技巧幫助你發展了對一個愛搗亂的人防患於未然的第六感覺。隨著你掌握和控制愛搗亂的人的行爲的能力的增強，你也就發展了自己管理和支配人的技能，這種技能是你從前連做夢都不敢想的。

除此之外，還有很多很多，等著你去發現，去體會……

第十一招

人情

在人上多操心
就能在事上少發愁

有些企業領導者為了追求工作效率，一味地強調速度，恨不得整個企業所有的下屬都是一台機器不分晝夜地運作，這實在是對人性與效率的破壞。把下屬當機器的領導者，工作業績只會愈來愈糟。

越是富於人情味的人，聚集在一起，就越能做出超人的事情。忽視人性的人，只能使工作陷入僵局。

——美國哈佛大學教授賴文生

下屬不是機器

在領導者眼中，下屬是人還是機器？這個問題直接關係到領導者採取哪一種管理方式並能取得怎樣的效果。對此大多數領導者和主管的答案都傾向於前者，畢竟以人為本的概念已深入到這些企業管理者的心裏了；但是也有一部分例外。

有的主管認為下屬像一部機器，開動它的時候，要它什麼時候停就什麼時候停，絕對沒有一點商量的餘地。有這種思想的主管，不能得到下屬的愛戴。另一方面，下屬長期處於緊張狀態，對於工作素質及效率均無好處。

在一間跨國公司的員工辦公室，氣氛猶如停屍間，既安靜且冷清。一位在該處工作的朋友稱，公司有規定：員工在辦公室時間不得交談非公事的話，去洗手間必須往接待處取鎖匙，茶水間外駐有一位員工，登記往該處喝水的人。

換句話說，一到辦公時間，本來言笑歡歡的同事，得立刻換上冰冷的面孔，整個人猶如被公司買下來似的，沒有絲毫的私人尊嚴，可笑的是，這間跨國公司的業績並不見得突出，員工流動量亦很大。大部分辭工不幹的員工，都認為那間公司沒有人情味，甚至幹上十年以上的人，當離開公司時，亦沒一點留戀。

那間公司最失敗之處，就是忽略了人性的生理法則。人和機器的區別在於：人有感情、自尊等精神因素，而機器則沒有；所以那些把下屬當做機器一樣管理，使用的領導已注定了失敗！而只有以人爲本，才是最妥善的管理方式。

不要總是讓下屬加班

作爲領導者，有時讓下屬加班工作是迫不得已的，且不能經常爲之；然而有的領導者則不然，有事沒事都喜歡在下班前叮囑一句：「今天加班！」一句話把下屬的興頭全打沒了。這種加班的效果，其實一點也不好。

偶然一次加班，可以刺激下屬的工作效率，但長期的加班，就會打擊他們的情緒，並不值得鼓勵。事實上，長期需要下屬加班，只有顯示出人手的不足；加班只屬短期權宜之計，不能長期如此。如果你以爲下屬會稀罕那份加班的額外收入的話，就未免太看輕別人了。

下屬經常加班，爲他們增添了不少問題；除了家庭生活會受到一定的影響外，對工作本身並無好處。由於太晚下班，回家後處理私人問題，造成睡眠不足。睡眠不足，使精神較難集中，以致影響翌日的工作情緒，效率和素質自然下降。

另外，有的領導者，則喜歡在下班前交付給下屬一份工作，好像老師給學生安排家庭作業似的，跟上述的讓下屬加班並沒有本質的區別。

爲什麼有些上司總喜歡在上述時間交付工作？

①上司本身上班遲到。例如十點多才到辦公室，午休時間往往延至三點多。他剛到辦公室，也許先看看報紙，然後命令秘書給他一些工作資料。經過整理後，發覺有需要交待的事情，就召來有關下屬。如此一來，非要到接近午休或下班的時間不可。

②上司本身是個工作狂。他喜歡廢寢忘食地工作，也認為這樣的下屬，才稱得上是有責任感。在午休或下班前交托工作，就可以滿足他的工作欲。

③顯示上司權力。是一般上司所犯的毛病。他們以為有權要下屬在任何時候工作，只要不超越辦公時間即可。他們卻不知道，臨時交待的命令，會阻礙下屬的正常作息時間。

在午休或下班前交待工作，使下屬不能放鬆工作情緒，影響作息心情。加上勉強工作，直接影響其工作效率和素質。作爲領導人，切記不要總是讓下屬加班，也不要在下班前給下屬安排工作。

允許片刻的聊天

幾乎所有企業或公司的車間、辦公室裏，都貼有這樣一張字條：上班（工作）期間不允許聊天。

的確，下屬在上班或工作時間聊天會影響效率，但是，假若所有下屬上班時間一聲不吭埋頭工作，那也未免太壓抑、太死氣沈沈了，這對工作效率同樣也有負面影響！事實證明，上班時間允許下屬片刻的聊天不但不會降低工作效率，反而會增長工作效率，並且使整個辦公室或車間的氣氛要活潑的多。

事實上，人類靠語言表達心中的感情，是最直接的。如果每天在某一段時間內禁止員工交談，對他們的工作根本沒有好處。除了他們互相之間難建立起緊密合作的精神外，工作上的誤會也在所難免。

偶爾，某員工工作有困難，向同事們申訴幾句，也是減壓的方法之一。當然，光喜聊天而忽略了工作的人，會成爲公司中的冗員，且大大影響公司的運作。爲了使下屬懂得自律的法則，以身作則是最重要的。所謂身教重於言教，平日偶然跟下屬聊幾句，即投入工作正題，聰明的下屬一定會明白你的要求的。

允許下屬在上班時間片刻的聊天，是一種有效的籠絡手段。

靈活地利用時間

如今，企業普遍實行的是八小時工作制。有的企業規定，員工晚到一分鐘或早退一分鐘就要罰款多少，這也未免太苛刻了！要知道時間並非鐵板一塊，說是八小時，七小時也沒有多大區別。時間無情，人卻是有情的。作爲領導，在下屬工作時間這個問題上面不妨來一點彈性，只要完成了工作，晚來或早走幾分鐘沒有什麼關係。

試行員工彈性上班時間，未嘗不是一個好建議。由於城市規模越來越大，員工住處離上班地點也會越來越遠，交通擁塞已成爲上班一族每天的老話題，也確是引以爲苦。

明智的上司，應爲員工制訂非繁忙時段的上班時間，例如將上班時間定在九時正，除了稍避擠迫外，也同樣收高效率工作之效。許多員工一早起床趕上班，不單早餐趕不及吃，還要擠上一小時的交通工具，精神焉能不大爲困倦？回到辦公室，實在非要呆上半小時才能正式工作。九時或九時半的上班時間，給員工較充裕的時間準備，也可以使其頭腦較快清醒過來。

至於午餐時間多定在一點整，除了找不到座位用餐外，餐廳的員工忙亂間所做出來的食物，往往水準稍差。如果將用膳時間定在十二點，或乾脆延至一點半或二點整，情況就大大不同。員工有一頓美食，減少擠座位的緊張，情緒得以鬆弛，對工作就能較易應付和投入，工作效率自能提高。

早上匆忙起床梳洗，來不及吃早餐，是都市人的普遍習慣。許多公司不准員工在座位上吃東西，以致不少人因饑餓而顯得沒精打采。作爲上司的你，不能因爲鼓勵下屬養成吃早餐的習慣，而任他們在座位上吃東西，最佳的方法是在辦公室一角設茶水間，以及容許員工叫外賣食物。

有些上司以爲設立茶水間，員工會借進食或飲水爲名而躲避；事實上，任他們餓著肚子工作，效率和素質會更差。事事替下屬著想，這種人情管理方式並不是要代替制度管理——兩者結合才是最好的管理方式。

感情投資換來豐厚回報

人是有感情的動物，不能強要下屬公私分明，一切私人感情均不帶進辦公室，更不要期望每一個位下屬都是硬漢或鐵娘子，他們都需要別人的關懷。

一位上司發覺他的秘書愁眉苦臉，要她倒杯奶茶，她卻送來一杯咖啡，又將客戶的名稱忘了。上司問她是否身體不適，建議她回家休息；秘書道歉並說沒事。情況持續了一星期，上司忍無可忍，輕責了她幾句。不久，上司從她平日最親近的同事口中，得知秘書原來失戀，與相戀多年的男友分手了。

上司很同情她，但是他認為私人感情影響工作，仍是不能縱容的，他要秘書放一段假，並向職業介紹所雇來一位臨時人員，那位秘書竟在休假期間跳樓自殺了，原因除了感情失落外，其中一項是工作不如意。實際上，一個感情受打擊的人，很容易誤解別人的意思，所以往往會出現「禍不單行」的情況，遇到一連串不如意的事。

下屬滿懷心事，未必是因爲工作不如意或身體不適，有可能是被外在因素影響的。例如至親的病故、家庭糾紛、經濟陷於困境、愛情問題等，都會使一個人的情緒波動。作爲上司者，應予以體諒，並就下屬某方面的良好表現加以讚賞，使他覺得自己的遭遇並非那麼糟。

不過，有些下屬非常情緒化，很瑣碎的事情都顯得不安。如果三天兩日要安慰他，未免多此一舉。最適當的做法是以長輩或過來人的身份，教他凡事別太執著，使其心情平靜下來，重新投入工作中。某些時候，感情投資甚至比金錢投資更有效。

用籠絡代替斥責

既然下屬是人而不是機器，那麼籠絡他們要遠比苛責他們或對他們漠不關心要更能打動他們的心。不少人抱怨自己員工的流失率高，對公司的發展影響太大。究其原因，就在於員工對公司缺乏歸屬感，終日想跳槽他去。

影響員工歸屬感的原因：

①上司情緒化，動輒以降職或解僱威脅下屬。

②人際關係不佳。
③上司偏袒某些下屬，令其他人感到不公平。
④儘管多麼努力，也得不到上司的認同或讚賞。
⑤前景不明朗，公司經濟經常陷於困難。
⑥諸多限制，下屬不能暢所欲言及盡展所長。

以一天工作八小時計算，人生有三分之一的時間就用在工作中。如果工作不愜意，不只是三分之一的人生活在不快樂中，而是除了睡眠時間外，所有時間都感到不快樂。有些較敏感的人甚至會出現失眠現象，足證一份愜意的工作，對人生有著何其重要的影響。用籠絡代替斥責，能讓你跟下屬打成一片，他們也更樂意爲你效勞，共同爲提高企業的競爭力而忘我工作。

美國著名喜劇大師卓別林在《摩登時代》這部電影中深刻地諷刺了工人像機器一樣工作的場景，其意味是工人首先是有生命的人，而不是無生命的機器。把下屬當機器的領導者，工作業績只愈來愈糟。因爲每一個下屬都被他視爲沒有思想、沒有情感的勞動工具，這樣下屬就會產生心理抗拒，影響工作質量。因此，企業領導者千萬不能把下屬當成冷冰冰的工作機器，而應讓他們感受到「以人爲本」的管理思想，加強主人翁意識。一個好的企業應當是「思想庫」，而不是「冷凍庫」。

第十二招

細節

每一個大問題裡
都有一個小問題竭力露面

細節的重要性，往往要在出大問題的時候才會顯示出來。作為領導者，如果要在出了大問題之後才發現細節的重要性，那他肯定悔之莫及。管理的細節更多地表現在對下屬的一些細微的動作上。

小處著眼，大處著手，是領導必須遵從的工作方法。

——德國堡大學著名管理學家魯斯本·阿明

大事清楚，小事糊塗

一個企業或公司裏面，往往有大事也有小事，而對於領導者和主管的管理工作，也有全局和細節之分。因此有的領導者，對於大事和全局都抓得很緊，卻對一些局部和細節則完全放任不管。這類領導者和主管，可稱其爲大事清楚，小事糊塗型。

這樣的領導者和主管合不合格？稱不稱職？答案是否定的。因爲他們的上一級領導者並非讓他們只管大事，不管小事。在企業或公司裏面，事有大小和微細之分，但領導者對它們的處理則不應有任何分別。很多領導者和主管，就失敗在對細節的忽略和放任，結果被上一級領導者炒了魷魚！

例如禮貌這個小小的細節。

禮貌不分地位、身份、性別、年齡，是每人都都應該具備的。何況身爲上司，既要顯得高人一等，更應在個人修養上下功夫。必須在各方面，均凌駕於下屬之上。早晨與下屬打招呼，一般上司只有「唔」的一聲，或敷衍地把頭微微轉動，就算是作了反應。此舉是極不尊重別人和自己的，連怎樣適當地回應也不知道，如果你在指導下屬工作時，態度彬彬有禮，不像暴君式的命令，下屬工作起來會更樂意，而且效率會更高。

禮貌雖小，影響卻大，具體地說明了細節管理的重要性。

不要混淆下屬的職責

上司應對每位下屬的職責有深切的瞭解，當下屬因職權或責任問題發生意見，作爲上司，應該公平地爲下屬做出判斷。事實上，下屬之間發生類似上述的磨擦，本來就屬於上司的過失。因爲下屬的職務，乃是上司所指派分配的，由於上司的分配失當，往往造成下屬對本身職務感到懷疑或誤解。

李麗從報刊得知某公司招聘初級秘書，她經過兩次面試後被取錄。上班之日，上司要她跟一位秘書小姐學習，並由那位秘書派工作給她。做了一個月，李麗感到不是滋味，因為她的工作與一般打字員無異，整理文件、資料、打字等，根本與坐在身旁的打字員沒兩樣。李麗有種被騙的感覺，遂未過試用期即提出辭職，上司知道她的工作能力不俗，問她何故辭職，李麗謂期望與實際不符，並詢問他初級秘書與打字員有何分別？那位上司似乎從未想過這個問題，霎時間不知如何作答，想了一會，只是苦笑道：「也許只是職銜名稱有別。」李麗感到失望，也對那位上司的管理才能缺乏信心，也沒兩句，即稱謝離開。

一位連下屬的職銜與職權也不懂得分別的上司，是最糊塗的上司。也許他們自稱大事精明、小事糊塗，視下屬的職責範圍分配爲小事的話，那麼在他的眼中，只有維護自己的利益才是大事了。

如何劃清下屬的權責？

①在分配了任務給某位下屬後，不能再將之分給另一位下屬，除非是下屬表示需要協助。

②每一個工作程序，均有人負責；以便一旦工作出現錯誤，可即找出問題發生在那一步驟，儘快得到改善。

③可以一人完成工作，不要派其他人參與，以免員工倚賴和偷惰。

主管應瞭解下屬的專長，以及他的期望，是否與本身職位相符。因爲惟有如此，下屬方能認定目標前進，發揮最大潛力。使每位下屬都知道自己的職責範圍，不會出現越權或被侵權的現象。一些主管胡亂指派下屬工作，不理會該項工作是否本來屬於其他人所有。如此一來，要執行的下屬感到不滿，被取代工作的人也有被侮辱的感覺。最嚴重的，是認爲該項工作並不重要，而可以隨時讓人取代。

從下屬上班的第一天，即讓他清楚自己的職責和權力範圍，工作的目的和建議的行事方針。絕不能出現一位下屬被瓜分成爲兩位同事的副手，例如A下屬被派協助B的同時，又被派給C；A下屬疲於應付，B和C也大感不便。皆因需要協助時，A被對方支開去。如此安排，使三者均對自己的職責感到迷惘，無法一致地進行工作。

遇到經常超越自己工作範圍的下屬，不宜直接要他做回自己分內的事，反而應婉言相勸及引導他認識本身的職責。如果發覺他根本已認清自己的職責，而是經常刻意越權者，那就直接提醒他不能再有下一次。對他言明越權會對對方造成的不便，並認同他有能力做更多的事，只是待時間上的安排。

確定每一個下屬的職責，不要讓他們互相混淆，是領導不可忽略的細節工作。

不做「口頭革命家」

那些剛離開大學校園裏不久的企業主管，在指導下屬工作時總喜歡講一大套理論，卻沒有任何具體一點的實例，殊不知他的下屬根本聽不懂，如在雲霧裏，工作起來自然如霧裏看花，實則都是「口頭革命家」。這雖然也是細節，但卻直接影響到下屬的工作效率。

主管在指導下屬工作時，光是理論是不夠的。一旦下屬有所誤會，主管就大聲斥責：「我不是已經很清楚的教過你嗎？」其實是否清楚，就屬見仁見智了。

一項複雜的工作並不能三言兩語，就可以完全解釋清楚的；如果涉及主觀的問題，就更難叫人明白，下屬往往會有無所適從的感覺。舉例說明，可以把誤會的可能性減低，錯誤的機會也減少了。主管可以舉一些類似工作的例子，例如：要下屬安排招待客戶的酒會，在交代的時候，舉一些下屬曾出席的類似酒會，讓下屬知道上司所要求的程度。

對於一些靠創意求突破的工作，例如廣告從業員、出版業、藝術等，是頗難找到恰當的例子作比喻的。主管任下屬自由發揮，已是最佳的指示。

作主管的要時刻注意到下屬的文化水準，是否能理解自己的高深理論；否則，就換另一種的說法。

切忌時時當偵探

公司領導者當「偵探」就是處處緊盯著下屬工作。在領導面前，作下屬的總會感覺到壓力，無論領導者是多麼和藹可親。這種下屬心理因素的微妙變化，領導者一定要知道並且注意自己的言行不要給下屬帶來壓力。這雖是細節，卻非常重要。

上司經常巡視下屬的辦公室，看他們工作，必令下屬大感壓力，反而影響工作效率和素質。上司以爲此舉可表示自己盡責和關心下屬，卻是弄巧成拙，使下屬感到厭惡。

特別是一些被派做某一事項的下屬，上司每天均要他們詳細報告進度，實在難堪；因爲有些程序不是一、兩天就有進展的。遇到連續兩天均沒有進展時，眞不知如何向上司報告。

身爲上司，也有一定的苦衷；一則怕下屬偏離了目標，二則不想下屬出現拖延的情況，所以採取貼身觀察，以保證事情順利進行。此時，遙距觀察比貼身觀察更佳。首先熟知下屬在工作進行時，將要找哪一方面的人；在一定的時間裏，致電話給那些人，但並非直接詢問有關該事項，而是談其他事，或可以相約午餐。在會晤中，對方必然會主動告訴你，有關你的下屬曾找過自己的事。如果對方完全沒有提及，而旁敲側擊也沒有反應的話，則表示下屬仍未與他聯絡上。這時候，召見下屬詢問一些有關工作的進度，也不會令下屬感到被監視。可能其間發生一些問題，正好向上司提出。

壓力之下辦不好事，這是一個很簡單的道理，作領導者的應該明白，不要忽略。

不要對下屬期望太高

領導者對下屬有所期望，這是應該的，下屬也會因此感受到領導者的信任；但是，切莫對下屬期望太高，不要認爲期望愈高、下屬的工作就會做得愈好，否則會給下屬帶來巨大的壓力。這同樣也是小節，但作爲領導者絕對不可以忽略！

每個學生都有他特別優異和感興趣的科目，加上性格各異，將來有不同的發揮處。同樣道理，下屬來自不同生活和家庭背景，各自擁有不同的才能。有些工作效率高，卻素質平平；有些愛說話，但是做事有條不紊，正是各有所長，沒有誰是一無所有的。

在指派工作時，不要胡亂指派一位，就期望他會給你高素質的成果。勿以爲你的下屬都是萬能的，你自己也不是任何辦公室裏的事務均懂得怎麼做的。

許多上司只是看員工的大概性格，而分配工作，這是沒有依據的。人在陌生環境中，未能立刻將眞性情表現，而你卻從短短的幾分鐘，判斷對方適合做些什麼，命中的百分率又怎會高？

大部分主管認爲下屬必須遷就工作，而非由工作配合員工，此語有一定的道理。然而，別忘了要使員工儘量發揮潛力、又使工作得到最佳效率的話，工作和員工互相配合，方有預期或意外的成績。

另外，作爲領導更不要看人挑擔不吃力。將工作交給下屬後，不表示將包袱轉到別人手中，就不管下屬如何困難，也要他自己解決。如此上司，是經不起考驗的，而被下屬凌駕及取替其位置的例子也不少。

一些上司犯的最大毛病，是永遠以爲每一件事都是很容易辦的，卻不想想自己從前奮鬥的日子。也許有些未經辛苦，只靠父蔭或高等學歷，坐上主管之位，更不懂得體諒下屬的困難。

主管在一定程度上要相信下屬的話，下屬遇到棘手的問題時，不應袖手旁觀，而最忌的是立刻找其他人接替先前下屬的任務。主管應該與下屬一起找出難題癥結所在，然後看應否增加一些下屬來協助。

如果不聞不問，光要看成果的話，是極不負責任的，而且一旦疏忽監察，造成大錯時，挽救更難。

期望愈大，則失望愈大；對下屬不聞不問，下屬同樣也會隨心所欲——兩件都是小事，其後果卻同樣嚴重。

第十三招

權威

只有強者才能造就強者

一個好的企業決策可以導致管理成功，一種好的管理方法能夠提高企業決策的價值。

權威的百分之二十是被授予的，但它的百分之八十卻是人們自己爭取的。

——美國奧運會組委會主席尤伯羅斯

左右為難，喪失權威

左右爲難，往往是導致領導者喪失權威的原因之一。

顯然，任何一個企業都不希望有錯誤的指導出現，但是事實上這又是不現實的主觀意願。因此，只能讓錯誤指導的發生率降低到最小限度，以便給有效的管理工作創造條件。這就要求企業領導者切忌不根據客觀事實、不根據預測分析隨意指導，造成管理工作困難。能夠及時做出指導的人是極少數的，能不能做到這一點可以說是檢驗人才的一個標準。一個人如果能做到這一點，無論是男人或是女人，都會受到上司、下屬以及同事的高度尊重。及時指導並不是說你要快速決定或者立刻行動，眞正意義上的及時指導是指毫不猶豫和無所畏懼地做出決定，在企業中，任何一個領導，凡是具有及時指導決策能力和不推卸自己責任的人都會贏得稱讚。

猶豫不決且沒有決策能力的人總是拖拖拉拉、舉棋不定，他往往要召集一次會議讓他的下屬們做出一個「聯合決定」，這樣做的目的不外是一旦事情做錯了，他就能把責任推給他們，或者他會把這個問題交給一個委員會去進一步研究，或者他要等待局勢的發展再說。

像這種類型的左右爲難是會傳染的，它能使整個組織都感染上這種病，引起人們猶豫不決，失去信心，甚至造成混亂。這樣的管理人員絕不會成爲高級的執行人員，他很快就會發現自己被撇到一個沒有出路的位置，或者不得不離開公司找其他工作。

如果不想進入不合格上司的行列，你就得發展做出正確而及時的指導能力。爲此，你就得營造出讓人們能夠感覺到的一種必須絕對服從的氣氛，這樣你也會獲得卓越的駕馭別人的能力。

一個人若是處在有權力的位置，那他就必須責無旁貸地承擔起因工作需要做出指導的義務。而且，在他徵求了別人的意見和收集了各種資訊之後，最後的決定必須由他自己做出。況且，作爲上司，你應該知道，及時指導關係著整個局面。如果你有下列表現之一，那麼就要徹底改正，永不再犯：

①目無全局，忽略一盤棋。
②主觀武斷，聽不進不同意見。
③盲目決定，武斷定案。
④先入為主，通過諮詢給自己的決定找理由。
⑤「公私兼顧」，在決策中摻雜個人好惡。
⑥心中無定見，有言必從。
⑦猶豫不決，不能當機立斷。

⑧一勞永逸，以為決策過後就萬事大吉。

要想在下屬中樹立威信，獲得權威，切忌不要錯誤指導，甚至左右爲難，否則，想管好下屬是絕對不可能的！

正確指揮，人人效勞

相反，如果你能正確指導，當斷即斷，不但能贏得下屬衷心的服從，並輕而易舉地管好他們，還能得到下列好處：

(1)下屬將對你的技巧和能力產生信心

當你能夠做出迅速而準確的指導時，你手下的人就會信任你。爲了能夠做出這樣的指導，你必須廣泛收集材料加以分析，下定決心，在下達命令時，要對你做出的指導充滿信心，要表現出無論如何都不可能失敗的樣子。

(2)下屬將會盡力爲你工作

如果你能在最不利的條件下進行邏輯推理並能不失時機地利用各種有利的條件採取行動，你手下的人就會尊重你的高超的判斷能力和指導能力，他們會竭盡全力爲你效勞。

(3)你的下屬對工作將會變得更加有把握和更加果斷

如果你對你的行爲有把握、有決心，那麼你手下的人就會對他們的行爲有把握和有決心。他們自然就會成爲你的一面鏡子，在這面鏡子裏你可以看到你是一個什麼樣的人，你在做什麼，又是怎麼做的。

(4) 人們都會找你徵求意見和尋求幫助

當你能夠做出正確而及時的指導時，人們就會來找你徵求意見和尋求幫助，你將會成爲著名的解決難題的專家。這樣的名聲將會提高你在整個組織中的地位。

有些人常順便請領導人來解決一些問題，這種打擾和不速之客，有時的確讓人感到很煩，但也別有一番滋味，也很重要，可以使領導人接觸到許多眞實的想法。

(5) 將會使你擺脫挫折

沒有自己做決定的能力是一個人遭受挫敗的主要原因，這不僅表現在商業及管理方面，也表現在人們解決個人問題方面。

當你學會下面幾條正確制定決策的技巧的時候，你將驅散自己恐懼失敗的心理。你也會在處理有困難、有壓力的問題時獲得信心。不僅如此，你還會發現隨著你的決斷能力的增強，你管理下屬的能力也會大大地增強。

然後，你便可以悠哉悠哉地坐在辦公桌前垂拱而治！

如何做到正確指導

既然正確指導對身爲上司的你管理下屬是如此重要，那麼，掌握正確指導的技巧對你而言，可謂迫在眉睫！如何才能正確指導呢？

(1) 要有指導的能力

如果你想發展你的指導能力，那你就必須有勇氣，還得有眞才實學。你必須善於研究和分析問題，抓住事物的本質，你必須對當時的形勢做出迅速而準確的評價，只有這樣，你才可能做出正確、明智、及時的指導來。

除此而外，你還需要有相當的預見能力，以便你能夠預見在你的決定實施以後可能發生的情況和反應。當需要對你原來的計畫進行修改的時候，你要採取迅速的行動對原來的指導做必要的修改，這樣會加強你的手下人對你作爲他們的領導者的信心。

(2) 要學會安排工作的先後順序

當你知道什麼工作可以由別人來做的時候，你就可以把它們分配出去，不要再去費心考慮它們。對於那些剩下來的必須由你本人親自處理的事情，你也得分出主次和先後，懂得處理這些問題的方法。

你只需要使用你的決斷能力去確定三件事：

①可由別人來做的事情；

②只有你才能做的事情；

③你自己工作的先後順序以及你分配給別人的工作。

最後，要掌握制定計畫和下達命令的技巧。

一旦你已經決定要做什麼事情，那你下一步要做的就是制定一個詳細的計畫和下達命令，如果你想達到預期的結果，你的計畫必須切實可行。

明確的任務必須分派專人去處理，各種須供應的物質和設備必須齊備，爲了確保最大限度的合作，每個人和每個團體的積極性都必須充分地調動起來。爲了推動中間環節的進行速度，最後期限必須明確地固定下來。總而言之，這個執行計畫必須能回答如下五個特殊的問題：

①為什麼這項工作必須得做？

②什麼事情必須得做？

③誰來做？

④在什麼時候、在什麼地方去做？

⑤將如何去完成這項工作？

當你認爲計畫做得比較充分之後，下一步要做的就是向你的下屬發布口頭命令或者書面命令。你的命令必須發布得清楚準確，不能讓人有任何誤解。制定計畫和發布命令都是工作的關鍵，也是作爲領導者責任的一個主要部分。如果你想得到駕馭下屬的無限能力，以上這些也是一種必須具備的能力。

當你掌握了以上三種技巧的時候，你也具備了基本的正確指導的能力。

別害怕失敗

在你做指導的過程中，心理因素也是很重要的，因爲，不管你怎樣努力，指導失敗的可能都是存在，而你一旦過於考慮失敗的後果，指導起來便會束手縛腳，缺乏勇氣，這樣，你的指導反而更有可能失敗。

如果在該行動的時候沒有行動的勇氣，那你所具備的上述各種能力都變得毫無用處了，甚至再聰明、再能幹的人也會裹足不前。

怎樣做你才會鼓起這種勇氣呢？那就是去做你害怕做的事情，這樣就會使你增強面對困難的勇氣。我認爲這種觀念恐怕是你能夠獲得的最爲有價値的觀念的一種。我敢保證，你用這個方法加上前面向你推薦過的不相信自己可能失敗的心理一同使用，你就會獲得駕馭別人的更大的能力，這樣的能力你自己過去連想都不敢想。

如果你去做你害怕做的事情，你就會得到做這件事情的能力，假如你想成爲一名畫家，你必須得先畫，沒有別的方法能使你成爲一名畫家。你可以整天夢想你當了畫家之後會有多麼的榮耀和光彩，但是如果不實際拿起畫筆開始畫畫，你就不可能得到畫畫的能力。不管做什麼，你都必須有實際行動，如果你自己不行動，那就絕對不可能得到做事的能力。

當你不再害怕去做從前不敢做的事情時，你就完全可以控制那種恐懼了。那才是眞正意義上的勇氣：控制恐懼。「勇敢」所指的並不是許多人所認爲的那樣不把恐懼放在心上，「勇敢」的實質是控制恐懼。

在指導時切記不要時刻想到失敗的後果，而要克服恐懼，只有這樣，你才能正確指導，讓你的下屬信服！

指導方法五不要

指導方法有五不要，作爲上司的你必須謹記。它們分別是：

(1) 不要要求永遠正確

有的人做什麼事情都下不了決心，甚至像買一件衣服，一雙鞋這樣的小事都拿不定主意。其原因說來說去就是害怕有什麼不當的地方。其實，不可能有一個人會是永遠正確的，即使你犯了什麼錯誤，如果能做到及時更正就不地使錯誤繼續發展下去，就不會造成不可挽回的損失。無論什麼時候，只要你發現自己的決定錯了，就要立刻下令停止，重新修改，以減少不必要的損失。

(2) **不要混淆客觀事實和主觀意見**

你的指導是建立在有力的事實基礎之上的，而不是建立在你的感覺之上的。如果你不能把客觀事實和主觀意見分離開，你就會遭受到各種各樣的煩惱。

(3) **不要不瞭解足夠的情況就匆匆地做出決定**

缺乏對情況的足夠瞭解往往會做出錯誤的決定。誠然，有的時候你不可能得到你所需要的全部事實，但你必須運用你以往的經驗、良好的判斷力和常識性知識做出一個符合邏輯的決定。

但是爲圖省事而不去收集可供參考的各種事實，那可是不能讓人原諒的。有其他重重的顧慮，所以總是猶豫不決，以致失去了一個大好的機會。爲什麼呢？就是因爲沒有得到足夠的情報，所以也就無從做出正確而明智的決定。

(4) **不要害怕別人說三道四**

有很多人不敢大膽地說出自己的心裏話，這是因爲他們害怕別人可能有什麼想法，更怕遭到別人的議論。他們猶豫不敢宣布他們的決定的主要原因是害怕別人批評。這就是說他們需要別人認爲他們好，不能認爲他們不好。

希望被別人尊敬是人類的最基本、最自然的一種願望，但那也是有限度的。你要記住，你對別人可能想什麼或者說什麼是不負任何責任的，你只對你自己說什麼或做什麼負有責任。

(5) 不要害怕承擔責任

對於有些人來說，一個決定不是一個選擇而是堵堅硬的磚牆，那將使他們做任何事情都會感到軟弱無力。這種恐懼是緊密地與害怕失敗相聯繫著的。多數的心理學家認爲這是商人走向成功的最大障礙。

然而，若你由於害怕承擔責任而不採取行動，你將一事無成。若你發覺自己走上了歧途，不妨照我前面說過的那樣，迷途知返，重新開始。敢於承認錯誤，敢於把錯誤的決定改成正確的決定，是一個人的領導能力和智慧的標誌，也是走向成功的一種象徵。

如何讓下屬貫徹自己的想法

下面是幫助你貫徹想法的六條指導原則，請務必牢牢記住：

(1) 要事先想到任何可能出現的不測

永遠要在事前考慮有可能發生的、會將你的全部計畫毀於一旦的每一個不測。能做出正確而及時的決策依靠你對形勢有準確的評價。要使用我前面告訴你的那句問話：「如果………怎麼辦呢？」這樣你就會強迫自己去考慮可能把事情辦糟的每一種可能。

(2) 向關鍵的下屬徵求意見

在你做出最後指導之前，最好要向你的下屬徵求一下意見，聽聽他們對你的指導的看法，吸取一下他們的經驗和思想。你在聽取了他們的意見之後，徵求意見的階段就告結束，這時你就可宣佈你的最後想法，從那時起，你就有權利期望你的下屬全力支援並竭誠執行你的決定和服從你的命令。

(3) 知道宣佈你的想法的適當時機

選擇適當的時機宣佈你的決定是非常重要的。你一定要讓歸你領導的管理人員有充分的精神準備和時間安排，不能讓他們措手不及，那樣他們就會沒有足夠的時間去制定他們自己的計畫，讓他們來貫徹你的想法。

最主要的一點是，你不要對你的下屬的下屬宣布你的計畫和命令，這樣會使你的下屬爲難和被動。他們向自己的下屬說什麼，那是他們的事，你不可越俎代庖。

(4) **鼓勵下屬以變應變**

什麼形勢都不可能是一成不變的，錯誤隨時都可能犯，意外事件隨時都可能發生，鼓勵你的下屬對當前的形勢做出自己的評價，當出現錯誤或者有什麼意外事件發生時，要及時重新制定適應新情況的計畫。

(5) **要讓下屬充分瞭解全局**

當你做出了正確而及時的決定以後，你一定要保證做到該知道的人都知道你的想法的內容。如果你做不到這一點，就難免出大錯，屆時責任應該由誰來負呢？而問題又豈止是該由誰來負責呢！由於缺乏溝通而造成的錯誤往往比故意不服從造成的錯誤還要嚴重。只有讓下屬瞭解全局，才能很好地貫徹你的想法。

(6) **要重視你的意圖的長遠影響**

僅僅考慮你的想法會有什麼眼前的利益和作用是不夠的。你必須能夠預見它將有什麼長遠的作用和影響。你要記住，當你的下屬開始貫徹你的想法的時候，事態就會發生連鎖反應。

切記，不要讓你今天的指導，給明天管理下屬帶來種種麻煩！

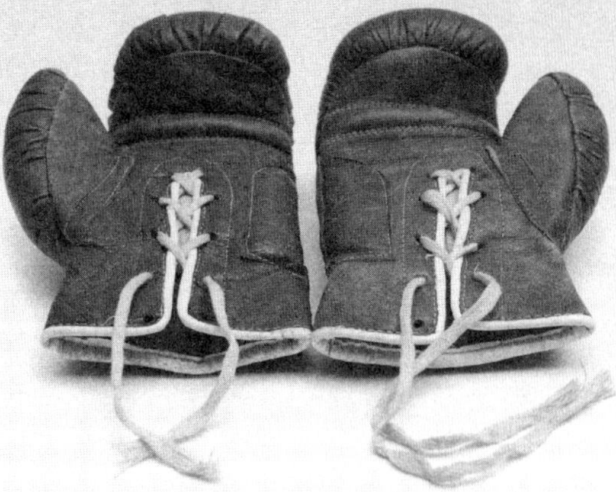

第十四招

分寸

用事實教育人
是最有效的方法

濫施批評的企業領導者絕不是一個凡事有分寸的領導。「批評即管理」是一種被人忽視的偏見。管理工作的任務正在於解決對立局面，融合矛盾，使企業形成一個團結合作的整體。

直言無忌的最大壞處，是不給講話人留下回旋的餘地，而且容易挑起衝突。

——美國行為科學家R・克里斯托弗

不要在憤怒中批評下屬

批評是管理的手段，其作用在於讓下屬糾正錯誤，保持優點，尋找最佳的工作精神和方式。但是，倘若惟有藉由批評，才能解決下屬存在的工作問題，也是方法論的錯誤，這樣的企業領導者本身就應該被批評。亦即，管理要靠批評來完成，但不意味著批評即是管理。當你準備批評下屬時，切忌任性而爲，要知道，批評的藝術性在於能否批評、怎樣批評、批評作用，而不在於批評至上。

批評下屬已是一件値得反思的事情，在憤怒中批評下屬更是絕不容許！因爲，沒有一個人能在憤怒中保持清醒的理智頭腦。日本著名人物德川家康曾說：「外來的敵人固然可怕，內部的人造反了，更可怕！」

如果一個主管動輒遷怒，他的下屬決難有信心替他工作，也許他心裏會想：「在這種主管手下做事有什麼意思呢？」喜歡發脾氣的人，遠比無能的人更容易遭致失敗。因此，身爲主管，首先要警惕自己不要輕易生氣。

主管是做什麼的？最大的目標是不是在牽動你所屬的職員，自動自發地工作？假使你輕易表現你的憤怒，下屬對你的熱誠和信心，就無法維持長久，而整體說來，有一個這樣不能自制的人，對於公司的前途，也是一大威脅！

發怒和批評不是同一件事。發怒往往達不到批評的目的，當然，下屬做錯了事情，有時不能不叫人生氣，但作爲一個領導者要學會控制自己，千萬不能對下級發脾氣。控制的辦法有：

①要懂得領導者雖然有批評下級的權力，但領導者與被領導者在人格上是平等的，領導者沒有對下級發脾氣的權利。

②時常記著批評的目的，是為了幫助下屬改正偏離目標的言行。如果只圖一時痛快，那麼批評的目的就達不到了。

③當快要發怒時，可以設法轉移一下自己的注意力。如做點別的事情，或暫時脫離接觸，待心平氣和時，再進行批評。

批評人要尊重事實，公平合理，說話有分寸，批評有根據，才能使對方信服。這是因爲每個人都有自尊心，對批評意見都比較敏感，一旦與事實有出入，會引起抵觸、對立情緒。

因此，證據充分、事實確鑿非常重要。爲了批評取得好效果，在批評之前要做些調查研究工作，要向有關人員詢問被批評人犯錯誤的過程，分析錯誤的性質、程度及原因，情況摸得越透，批評就越能切中要害。千萬別「橫挑鼻子豎挑眼」濫施批評，一看到一些不對就發火、批評，往往效果不佳。

不要不分場合地批評

批評下屬並非不當，而應掌握批評的技巧，不要讓被批評的下屬不但不服氣，反而對你產生怨恨！

比如，作爲一個主管，切記不要不分場合地批評下屬！

(1) 不要讓第三者在場

對下級的一般性過失，不要當眾批評，特別是不要當著其他下級面前來批評。有別人在場，會增加他的心理負擔，會影響他接受批評的態度，正確的辦法是和他個別交談，這時他會體驗到領導者對他的關懷和體貼，有利於他認識自己的問題。有些問題必須當眾批評或通報時，應在事先或事後做好對方的思想工作，幫助他們打消顧慮或抵制情緒。

(2) 不要拐彎抹角地批評下屬

許多管理人員因爲擔心被員工視爲刻薄尖酸，故於批評員工之際應在措詞方面再三斟酌，力求使剛烈的話語轉變爲柔軟的表白。例如：將「喜歡鬥毆」說成「爲贏得論點及吸引注意而訴諸體力手段」；將「疏懶」說成「爲改善工作而須施以廣泛的督導」，爲求措辭之委婉而使觀念本身變得含糊籠統。此外尚有一些管理人員主觀性太強兼想像力太豐富，往往將具體事物推論爲抽象的指責，例如「您的報告遲了兩天交」說成「您懶惰」，將「您不應在昨天會談上頂撞上司」說成「您不應抗命」等。這類的指責不但使得事物本身失眞，而且也極容易引起員工的反感。

(3) **不要背後批評**

對下級的批評，一定要當面指出。這樣，你的意見和態度，下級都非常清楚，也便於彼此交換意見。如果背後批評，再經過別人傳遞，往往容易走樣，可能使對方產生不必要的誤解，從而影響批評的效果。

(4) **不要使用戲謔言詞**

對接受批評的員工來說，批評或多或少會引起自尊心受傷。管理人員以莊重嚴肅的態度所做的批評較容易為員工所接受，因爲這種態度被員工視爲對他尊重的表示。若管理人員以戲謔的口吻進行批評，則不論其動機如何友善，終將引起員工的不滿，因爲戲謔口吻被員工視爲對他諷刺的表示。

(5) **不要重覆批評**

管理人員每次只應批評一件事而不宜將幾件事聚在一起批評。因爲多重性批評將使員工分不清事情之輕重緩急，以致無所適從。

(6) **不要過分批評**

對被批評者的錯誤言行，要恰如其分地指出來，是什麼就是什麼，有多少就是多少，不能誇大其辭，更不能否定一切。

(7) 不要作比較批評

管理人員在批評甲員工時，若拿比甲員工優秀的乙員工相比，以襯托出甲員工之低劣，則勢必引起甲員工的敵視。反之，若拿比甲員工低劣的丙員工爲對比，以襯托出甲員工之優越，較能產生激勵之效能。但事實上，拿一位員工與另一位員工作有利之對比所產生的激勵效果，往往遠不如就同一位員工之過去與現在作對比所能產生的激勵效果大。

(8) 不要冷言冷語地批評

要善於呈現事實，講道理，不要諷刺挖苦，不能污辱人格，不可罵人，也不准嘲笑對方的生理缺陷。俗話說：「利刀割口傷猶合，惡語傷人恨難消」，一旦傷害了對方的自尊心，就可能產生對抗的情緒，這樣，批評就難以取得成效。

特質批評法

批評從某種意義上是一件高難度的事，其技巧比表揚還要高；其中一個關鍵技巧就是批評一定要因人而異，不要不顧對象地批評。因爲，一種批評方式對這個下屬有效，但未必對另一個下屬有效。一不同的人由於經歷、文化程度、性格特徵、年齡等的不同，接受批評的能力和方式有很大的區別。這就要求領導者根據不同批評對象的不同特點，採取不同的批評方式。

對於自尊心較強，而缺點、錯誤較多的人，應採取漸進式批評。這種批評方式的特點是，領導者由淺入深，一步一步地指出被批評者的缺點和錯誤。讓被批評者的思想上逐步適應，漸進地提高認識，不至於一下子將被批評的缺點錯誤「全盤托出」，使其背上沈重的思想包袱，達不到預期的目的。

對於經歷淺薄、盲目性大、自我意識較差、易受感化的青少年，應採取參照式批評。這種批評方式的特點是，領導者運用對比的方式，借助別人的經驗教訓婉轉地指出被批評者的缺點錯誤，使被批評者在參照對比之下，認識到自己的缺點錯誤，作誠懇的自我檢討。

對於脾氣暴躁，否定性心理表現明顯的人，應採取商討式批評。這種批評方式的特點是：領導者以商量討論問題的形式，平心靜氣地將批評的資訊傳遞給被批評者，使被批評者感覺到是一種平等的、商討問題的氣氛，因而能較虛心地接受批評意見，避免對抗情緒的產生，達到批評的目的。

對於性格內向，善於思考，各方面比較成熟的人，應採取發問式批評，這種批評方式的特點是，領導者將批評的內容通過提問的方式，傳遞給被批評者，被批評者通過回答的形式來思索、認識自身的缺點錯誤。

對於思想基礎較好、性格開朗、樂於接受批評的人，則要採取直接式批評。領導者可以開門見山，一針見血地指出被批評者的缺點錯誤，這樣做，被批評者不但不會感到突然和言辭激烈，反而會認爲你有誠意、直率、眞心幫助他進步，因而樂意接受批評。

不會因人而異地批評下屬，很容易使下屬產生不公正的想法，所以在批評下屬時切記不要不分對象地批評！

不要毫無準備地批評下屬

批評某員工之前，準備功夫一定要充足，單憑一股衝動將下屬批評得體無完膚，難以令人接受，你的批評也是徒勞。預備功夫大致有以下幾點：

(1) **選擇適當時機**

剛上班即召下屬指出他犯錯，會令他整個工作日感到沮喪；將下班時提出也非適當時機，他的一顆心可能已離開了辦公室，滿腦子載著下班後的活動安排。

(2) **讓對方有心理準備**

別事前大家還是談得正融洽，突然寒著臉指責對方的錯誤。先瞭解犯錯下屬是否知道自己犯了錯誤，如果他不知道，可以旁敲側擊，或耐心地對他說明，總之不要讓下屬措手不及。

時機的選擇對批評之能否收到實效具有莫大的左右力。管理人員在選擇批評的時機時，至少應注意以下三點：第一，**在自身心境正常且能客觀權衡事物時才施以批評**。第二、**要趁員工對自己的不當行爲記憶猶新之際做出批評**。倘若管理人員對批評採取苟且延宕作風，則一來員工可能對以往不當行爲已印象模糊，二來逾時批評顯示管理人員對不當行爲的縱容，這樣的批評將難以讓員工心服。第三、**要在員工心境適合接受批評時才施以批評**。員工的心境在哪一個時候才算適合接受批評？這是一種見仁見智的問題。但是當員工處於心平氣和的狀態下，甚至當員工主動要求對他提出意見之際，肯定是管理人員施以批評的良好時機。

(3) **批評下屬，尤其不要翻舊帳**

將某人過去犯的錯誤累積起來，移到現在一起指責又不知從何說起，這是很笨拙的方法。犯錯的人並非沒有注意現在周圍條件而做錯，所以就算與過去某錯誤相似，那也只是結果相同而已，一般來說過程不會一樣的。

所以對於今天該指責的事項，引用過去的事例是不適當的。如果牽扯了人的問題，感情的問題，那麼「都已經過去的事了現在追根究底眞是過分」之類的心情就會產生。例如

「你以前也犯過同樣的錯誤，不是發誓不再犯了嗎？」

像這種話都是多餘的。揭人瘡疤只讓人勾起一段不愉快的回憶，於事無補。有些記憶力很好的老闆，連下屬初入公司所發生的事都記得清清楚楚，甚至大家都已忘掉的事都牢記著，這實在沒必要。

有時老闆並不想翻舊帳，每次也能遵守「完美主義」。但在對方沒有悔悟時，那種翻舊帳的心情就出現了，這並不是不能理解。但是如果有必要指責其態度時，只要針對他的態度加以告誡即可，每次只針對一件事比較能得到效果，集合許多事實，目標分散印象反倒不深刻。

(4) 批評要點到爲止

如果對方犯的不是原則性錯誤，或者不是正在犯錯誤的現場，就沒有必要「眞槍實彈」地批評。可以不指名道姓，用較溫和的語言，只點明問題。或者是用某些事物對比、影射，也就是平常所說的「點」到爲止，達到一個警告作用。

總之，批評下屬一定要愼之又愼，不到迫不得已時不要批評下屬！

指責不要離譜

同樣，指責也是一種批評，指責下屬也切記不要犯錯誤！

(1) 指責下屬不要太離譜

我們經常可以發現，老闆責備下屬不是出自糾正過失的動機，而是由於怨恨，雖然我們常自我告誡，不可因怨恨而罵人。開始時，也許的確是想糾正對方，指責一兩句就算了。但因對方態度不好可能使你脾氣頓時發作起來。結果原本一兩句就完了的事，卻越罵越離譜，最後竟連他的態度一起罵起來了。這時已超越了指責的範圍。

若下屬一再反駁，老闆應切記：要說明事實，絕不可走到岔路上。如果說出超越主題的話，那就難免形成雙方的爭論，而不是老闆對下屬的指導。

(2) 不要追究共同責任

發生一件事情，以全體人員爲對象，追究其共同責任，則所有下屬大概都不會把它當成是自己的事。肇事的當事人雖知道是自己的錯，但還可能抱著一種「大概還有其他人犯錯」的心情，反正又不只是他一人的錯。於是責任就分散了，到最後誰都不負責任。這種指責全體人員的情況還有一個缺點，人數多的團體更爲顯著，當老闆指責某件事時，恰好此事過去曾發生在某人身上，舊事重提，使聽者有「又算老賬」之感。

(3) 不要衝動

一個公司的領導爲了達到企業的目標廢寢忘食，對下屬也全力指導，但是錯誤仍然一而再、再而三地發生。在發現下屬是由於沒有責任感而犯錯誤時，不禁怒氣上升。

感受性強的老闆，具有瞬間捕捉違規及錯誤的能力，且反應快捷。不可否認，感受性強是身爲老闆的重要條件之一，但從另一方面來說，感受性強亦是造成衝動的主要原因。如何壓制不合時宜的衝動，不防試用下述一些辦法。

①趕快離開。變換場所，遠離造成衝動的現場，哪怕去洗手間也可。

②喝茶。利用茶水將怒氣一起吞下，也能收到效果。

③抽煙。香煙在這種情況下也能起到緩衝作用。

④趕快轉移方向。去忙別的事，轉移注意力。

⑤看書看報。不必精讀，很快地翻動，稍微讀一些大標題就可。

⑥打電話。拿起話筒，找人談點旁的事，轉移注意力，改變氣氛。

總之，就是換氣氛，而且要留下緩衝時間，不要使自己陷入惡劣氣氛中。停一下，如果能覺得「怎麼這麼糊塗，眞是迷糊蛋！」然後哈哈一笑的人，他的衝動在不知不覺中就會消失了。

(4) 指責下屬不要意氣用事

老闆發現下屬的過失、懈怠或者不服從，如果缺乏冷靜，特別是在對下屬有某種成見時，難免怒氣沖頂。老闆心情不佳，又碰上下屬辦錯事或者在糾正時對方態度欠佳，難免怒氣上衝。衝動之下，憤怒的感情閘門若大開，就會說出許多不該說、事後追悔莫及的話，甚至責罵人的話。這就不是指責和批評了，不管你主觀用意多好，效果已是適得其反。盛怒之下發脾氣不但降低了領導者的身份，也會使公司氣氛僵持，士氣低落，絕對於事無補。

指責是管理中不可缺少的，怒髮衝冠卻是斷然不可取的。老闆正確分清二者間的界限，既是堅定自信心與決心的體現，也是增強一個公司，一個企業凝聚力所必須的。

另外，指責下屬還有四大禁忌。

(1) **勿指責人的弱點**

人與人之間是有差別的。當別人指責其弱點時，猶如短刀插心般痛苦。例如，在個子矮的女性面前說「你是矮冬瓜」。她心中一定像沸水翻滾一般。對學歷低的人說「學歷太低的眞沒有用」，都是不適當的話，就算是事實也該避免觸及他人的短處。

(2) **不要忽視人性**

「你是騙子」、「你太沒有信用」等話也會刺痛對方，只要評論事實即可，即使是對方沒有信用也不能如此當面斥責。

(3) **不要否定下屬的將來。**

「你這人以後不會有多大出息」，「你這樣做沒有人敢娶你」，「你實在不行」。領導者是不該說出這樣的話的，須以事實爲根據，就事說事，就下屬目前情形而論，不要否定下屬的將來。

(4) 不要干涉私人事情。

公司生活和個人生活有很大關聯，但是個人私生活有不願爲人所知之事。「你只知打麻將，當然會發生那種錯誤！」「晚上玩得太過分了吧！」「你和那個女孩子作朋友不好吧？」「你的家庭名聲不佳，首先要從家庭整頓做起，怎麼樣？」等等私人問題應該避免介入，因那只會引起「那是我家的事，和此事無關」的反感，公司並沒有連家庭一起雇用。這種好事的老闆有人說是日本式經營的優點，但隨著時代的進步，此種現象已減少，特別是年輕的員工，他們的私生活一旦被人干涉大都會引起強烈的反感。

如何讓下屬接受批評

批評下屬的目的，不是爲了批評而批評，而是要讓下屬接受批評，改正錯誤。那麼，如何才能讓下屬樂意接受批評呢？

批評是使人改正現在的錯誤，更好地創造未來。那麼領導者在批評下屬時，就應當只限於指出他現在的問題，不要否定他的將來，而要鼓勵他們面向未來，提高開創未來的勇氣，增強走向未來的信心。

被下屬批評固然不是件愉快的事，相反地，欲指出下屬錯誤，還是件頗需學問的事。一方面要讓下屬瞭解自己所犯的錯誤，另一方面要保存他們的自尊，稍有不慎，言語運用不適當，便會將小事化大，以後無論你說得多動聽，下屬也認為你擺出一副上司姿態，胡亂要他們遵從規章或指點他們做事，心裏自然不會信服。

性格不同的老闆，對下屬犯錯也有不同反應，假如好勝心強的老闆，明知自己理由不充分，也要先警告下屬；太顧全別人的感受的老闆，往往任下屬自己發現錯誤，造成員工因循苟且的作風；脾氣暴躁的老闆經常對下屬拍案叫罵，雖然內心非常關心他們，但仍然得不到員工的諒解。最可惡是借別人之口傳遞消息給另一人，指出他所犯的錯誤，使犯錯的下屬欲辯無從，而且老闆不直接與之聯絡，多少有被看輕的感覺。

無論你屬於哪一類性格，遇上以下的四種情況，均不適宜指正犯錯的下屬：

①對方已有悔意，並主動承認錯誤及保證不再犯，你發覺他態度誠懇，而且一向記錄良好，你只好對他勉勵幾句，因為你的責備對他起不了作用。

②對方因犯錯給自己帶來不少麻煩，他正在沮喪和忙於補救中，已經有點筋疲力盡時，你再加一張嘴去指責他的不是，是很殘忍的行為。

③對方用意不善，犯錯純粹為洩心中不快，旨在激怒你並向你挑戰，倘若你立

刻指出他的錯誤，實際正中他下懷，把一早預備好的罵詞一併罵出來，不求勝利，只求使你在其他員工前出洋相。

④因私人問題如家庭發生事故，往往無法集中精神工作，所謂「人非草木，孰能無情」，強要下屬履行公而忘私的宗旨，亦近冷血。很多自殺例子中，因工作壓力而自毀的比率頗高。家庭發生變故，加上上司的壓迫及指責，很容易令人精神崩潰，他一旦走上自毀途徑，你便是間接兇手。

指責下屬也一樣，只要掌握了技巧，被指責的下屬不但心服口服，並且會感動不已！以下一點也很重要，就是對下屬的解釋要誠懇的詢問和耐心地傾聽，不要先入爲主，帶有偏見。「好，我知道了，你說得也有一點道理。」這麼簡單的一句話，就能使對方因爲自己的理解而感謝不已。

更重要的是要相信對方。猜疑心太重，不斷地窺視對方的心，此種態度即使有再好的方法，也無法讓對方感動。

領導者應能有新創意，從別人那裏學來的只是一些範例，有時並不適用於實際問題。能使下屬感動的方法，如果不是自己想出來的，都不能稱爲「佳作」。

一個眞正高明的領導的主管，既不會一味地表揚下屬，也不會把批評與指責當做家常便飯，隨便施與下屬；相反他深諳批評的藝術，使批評同樣能達到表揚的效果！

第十五招

軌道

一個沒有制度的企業
只是一個貨攤

管理不是情面上的事，而是應當所有的問題都擺在規章制度面前加以檢驗。因此，用規章制度來檢驗管理質量，才是一種真正合乎現代企業發展的管理大法。

在引進最好的規章制度後，獲得成功的程度就和管理人員的能力、言行一致及職權受到尊重成正比例。

——美國管理學家、科學管理之父F・泰羅

姑息養奸讓你威風掃地

縱容下屬，自食其果，這是管理工作中鐵的教訓。現代企業管理推崇「以人爲本」，是要把下屬擺在主體的地位上來考慮。**尊重他們的人格，體察他們的性情，重用他們的能力；但這絕不意味著以情感代替原則，以理解取消制度，因爲這樣只會縱容下屬不合理的欲望和行爲產生**。要知道，這是管理工作之大忌。作爲一個領導者或主管，我們提倡你對下屬多寬容，少苛不責；但是，也不能寬容得過了分，變成了姑息養奸。

「斥責」，是上司對下屬的行爲。單以此觀點而言，可說是單方面的特權，但這並不表示上司可以爲所欲爲斥責下屬。

公司方面雖然會強調「賞罰必明」，但是身爲下屬，卻會認爲公司偏袒某一方，或者處置不公。因此當你在斥責下屬時，對方也並非一定都會從內心深處感到懊悔，並且向你道歉。表面上他認爲不要忤逆上司較好，所以始終低著頭，最後冷笑一聲說：「不！不！你的教訓相當有道理，這全都是我不好。」

對於此類型的下屬，你必須使他瞭解你斥責的緣由。或許你必須花費較長的時間與精力，但是你不可吝於付出努力。對於會產生反抗行爲的下屬，則要追根究底地和他說明到他能完全理解爲止。

有的下屬在將被斥責時，會很有技巧地支吾其辭，或者將責任推到別人身上，然後逃之夭夭。應付如此狡猾的下屬，你必須嚴厲地斥責他。假如你對此種現象視而不見，則「賞罰分明」原則便會有所疏失。

對於可能產生反抗行爲的下屬，你必須使其瞭解錯處。或許對方會提出辯解，你必須靜下心來傾聽，然後在下屬的辯解中發現他的誤解之處，一旦有誇大其辭、歪曲事實之嫌時，應馬上指正並令其立即改善。

如果碰到難纏的下屬，則必須事先做好心理準備。有時因狀況不同，必須分組徹夜討論，此時你更不應該膽怯，必須具備拚命一搏的幹勁才行。

在斥責時所採取的態度，會影響到別人對你的評價，因此若你能獲得「眞不愧是……」的評語，對方也將會成爲你忠實的信奉者。

有的下屬一被斥責，便會提出冗長的辯解。你可以聽聽看，但不可逾越一定的程度。但完全不聽下屬的辯解是不近人情的行爲。每個人都有自尊心，只是單方面地被斥責而無法提出解釋的機會，對方必定會覺得不公平。若下屬淨是說些毫無意義的理由，比如：「我只是考慮錯誤而已。」「對方太差了。」「這種失敗，以前的人也曾經犯過。」他的內心此時多少已有些紛亂了！

也有上司過分相信下屬的藉口，並表現太過親切：「這只是你想法錯誤而已！」「對方太差勁了！」雖然這只是一句安慰話，但是你並不需要過分地為下屬設想。所以，縝密地思考下屬的藉口，設身處地為下屬著想也可算是你的一項修行。你必須親身力行才會有所助益。

要想不姑息養奸，就必須學會斥責下屬，使他時時注意自己的言行不會過分！

該批評就批評

面對那些被前任領導嬌縱慣了的下屬，你必須堅守原則，該批評就批評，絕不能像前任那樣姑息縱容！批評的方式有各種形態，批評的形態亦各有特色，也會因各人性格而有所差異。總之，上司在批評下屬時，音量最好加大，因為這樣比較自然，也容易達到效果。

上司因為生氣、發怒才會批評下屬，也正因如此才會產生爆發力。監督與指導是需要冷靜與理智的。也有人認為若下屬反省自己的失敗，即不需責怪他；反之，若下屬毫無反省之意時，才需要責罵。

事實並非這樣，若你對未達成任務的下屬批評：「這實在太糟糕了。」他必不會重蹈覆轍。有時下屬會有被批評的「期待」心理，若此時你未予以批評，只是溫和地叮囑他，則你的下屬會深覺「期待」落空而不滿足。覺得上司的反應令人不愉快，事後還留下疙瘩，反而更討厭。若被上司痛罵一頓，一切也就過去了。因此，遇到該批評時，你最好順應下屬的「期待」。

如果你突然對一位並不認爲自己失敗的下屬大聲批評：「你爲什麼做這種事？」恐怕會令對方一頭霧水。如果下屬不明白自己爲什麼被批評，則此行爲便毫無意義。對於不明瞭失敗原因的部下必須詳細地指導他，並說：「以後要好好注意！」

很多主管並不擅長批評下屬，他們頗爲在意的反倒是下屬的情緒。他們認爲毫不留情地批評下屬是不好的，若批評無法使對方完全理解，那批評就毫無意義。如你一邊批評，一邊在意下屬的反應，只會被下屬看輕。此即所謂的「虛假的批評遊戲」，當然不算是批評。

有人認爲：在大聲且一氣呵成地批評下屬後，要像狂風過後的萬里晴空一樣，不可拖泥帶水。然而這種方式卻也容易失去批評的意義。原因在於被批評的人，剛開始通常「聽」得進去，但往往不消五分鐘，他就會表現出不在乎的態度，才被責怪的事早就忘得一乾二淨了，而批評的人也宛如狂風過境似地瞬間便了無痕跡。由於下屬本身並不感到愧疚，因此同樣的錯誤很可能重覆出現。

應付這種下屬，你必須採取緊迫盯人的方法。即使批評他「聽好！不能再失敗了」

「你應該爲那些收拾善後的人想想看」「你應當要好好地反省反省」這類令人感到厭煩的話亦無妨。

在批評後你必須監視下屬的工作情形，並且留意事情有無改善。遇到此情況，你必須採用梅雨拉長戰線型的做法，而非集中暴雨型的方式。

在批評下屬時要情緒性地批評，但必須注意措詞，絕不用粗俗下流的詞句。也有人爲了誇示自己的地位，而胡亂地怒斥下屬，像這種上司是無法得到下屬的認同，上司應該站在對方的立場行事才對。另外，有一點必須牢記，那就是自己的下屬雖然是公司的職員，但是，他也有他的尊嚴。

每個人必有其優點。我們要愛人、尊重人，這才是我們生存的力量。該批評就批評，但不要侮辱下屬，而應就事論事！

殺雞儆猴

如果有一件事可以很明顯的看出是李某的過錯，同事認為科長應該會對他發相當大的脾氣。然而科長卻只是對李某說：「要小心一點。」便原諒了李某的過錯，為此大家頗感失望。不難想像此時同事一定會議論紛紛：「為什麼科長不生氣？」「我做錯時被他罵得好慘！」「科長說不定欠了李某什麼！」「科長可能不明白什麼叫做『責任』！」

你一旦採取溫和的做法，那下回王某失敗時，也就無法批評他了。漸漸地你的刀口越來越鈍，最後你會落得誰也不敢罵的下場，而無法繼續領導下屬。所以在需要批評時，就必須大聲地批評才行。在眾人面前批評某位下屬，其他的下屬亦會引以爲戒，使其反省。此即所謂的「殺一儆百」。

當場被批評的人，宛如是眾人的代表，並不是一個很討好的角色。在任何團體中，皆有扮演被批評角色的人存在。領導者通常會在眾人面前批評他，讓其他人心生警惕，是個非常有用的方法。這個角色絕非每個人皆能勝任，他的個性要開朗樂觀、不鑽牛角尖，並且不會因爲一點瑣事而意志動搖，如此方能適合此項任務。

雖然你只能對自己的下屬批評，但有時你也會遇到必須批評其他單位的職員的情況，這不僅越權而且違反公司的準則，然而相信亦有例外的情形。

某家百貨公司的營業部主任，平時即對採購部科長的應對態度太過懶散頗不滿，但由於對方的身份是科長，因此無法當面予以指責。雖然這位主任曾經與自己的上司——營業部科長討論過，然而由於上司是位好好先生，因此無法得到任何解決的方案。

就在思索如何利用機會與對方直接談判時，分發部的某位職員因未遵守繳交期限而發生問題。

營業部主任便借機大聲批評那位犯錯的職員。他特意在採購部科長面前批評：「不是只有今天，這種情形已經發生過許多次了。」

此時採購部科長並未表示任何意見，然而弊端在不久之後便改善了。

此項技巧簡單地說，就是採取遊擊戰術，若對敵人採取正面攻擊時比較麻煩，但是若你本身有理，就不會覺得那麼可怕。遇到形式上的反攻時，你只需稍微轉一下身便可反擊。對於無法與其正面爭吵的人，若企圖使其認同你的主張，則上述的方法不失為一則妙方。

上司藉由批評下屬的行為，亦能轉換為本身的警惕。藉由對下屬的批評，而受益最多的人或許是自己。因此，你更不應該錯失良機，你必須謹慎地選擇批評的機會，並且好好珍惜被批評的下屬。

不要讓下屬獨來獨往

企業是一個團體，團體中的每一個成員都應該有互相合作的精神，然而有的下屬自恃才高八斗，對同事甚至對上司也不屑一顧，獨來獨往。對付這樣的下屬，既不能隨便解僱，但也不要讓他長期如此，否則，會損害整個團體的工作效率。

「獨斷獨行」的下屬即使具有相當的實力，也極易造成上司在管理工作上的負擔。面對這種類型的下屬，須先好好地分析其性格傾向，等到有一番瞭解後，再充分地加以運用。對於獨斷獨行的下屬，必須一再地向他強調事情獨斷的限度，同時迫其嚴格遵守這個界限。因爲，一旦他擅自爲所欲爲並出了差錯，再來對其叮嚀已顯然太遲。

獨斷獨行型的人向來對自己的能力頗具有自信，而且總想獨自一人完成任務，以贏得個人的榮耀。因此，對領導者而言，雖然他是自己的下屬，卻往往無法掌握他的行蹤，也不知他究竟在做些什麼，如此一來，經常不斷地爲他焦慮擔心。

正因這種類型的人充滿自信、而自以爲是，凡事均不找領導者商量，也不保持密切的聯繫，完全採取獨斷專行的作風。如果領導者繼續對其放任不管的話，將必產生無法彌補的局面。因此，領導者千萬不能將重要的工作交付予他。

領導者在交付工作予這種類型的下屬時，必須以柔和卻堅持的態度叮嚀他：「關於這件工作，我很信賴你才交給你去做，但是請你務必不要忘了隨時和我保持聯絡！」此外，不妨讓他隨身帶著手機，而定時與他保持聯繫。

管好獨行俠，不讓他獨來獨往，是一個領導者或主管必備的能力。

該解僱就解僱

對那些實在難以管教的下屬，作爲上司你必須當機立斷，該解僱就解僱！尤其對其中一部分敢於背叛自己的下屬，更要毫不留情。

解僱員工一般總是使你心情沈重，唯一使你不感到難受的時候是當你解僱一個徹底背叛公司的人。

(1) **扔掉「爛蘋果」**

曾經有一個厚顏無恥的背叛者，私下準備離開公司，並打算帶走所有他接觸過的東西：客戶、卷宗、機密文件等等。當公司得知此事後，立即安排他出一天差。趁他不在的時候，徹底清理了他的辦公室並更換了所有的鎖，他一回來，就將他解僱了。

這裏並沒有任何玩弄陰謀詭計之嫌，這樣的情況無論在小型公司或大規模的公司都時有發生。遇到這樣的事你只有以毒攻毒。

(2) **解僱地點的選擇**

你應該選擇在什麼場合解僱某個人，取決於你自己的想法。有些經理在決定解僱職工的地點與方式時所依據的是他們希望將何種資訊傳遞給其他職工。有位公司主管曾當著全體職工的面解僱一位經理，目的是殺雞儆猴。他將公司所有的一百名職工召集到會議室，心裏盤算好，在會議的過程中他一定可以挑出那只爛蘋果，並當場炒他的魷魚。這是精心策劃的一場戲，只是其他員工不知道而已。

我把這個問題留給你們去判斷，這種手腕對留下來的九十九位職員究竟能達到什麼樣的作用。

(3) 解僱需要技巧：解僱不稱職的人，最好的辦法是：

①機會選擇適當

如果你要炒他的魷魚，應選對公司最爲有利的時機。在商務來往中，你的職員必然手中尚有要完未完的生意，掌握有一定數量的客戶，在未找到代替他的人之前，一切未準備就緒時，就暫時不要解僱他。以便更大限度地減少解僱他所給公司職員帶來的震動和對公司帶來的傷害。

在你準備時，或許你應及時通知客戶，公司與某人之間有些矛盾，將會有另一位員工代替他的工作，並表示公司願意與客戶繼續合作的願望。另外在公司內部可派另一員工到其負責的部門工作，並委以重任；或讓另一部門的經理和他的客戶認識，並逐漸接手其業務。

②由他先提出來

對付想跳槽的員工，最好的辦法是由他提出辭呈，讓他體面地離開公司，總比你直接下逐客令要好。其實安排某人主動提出辭職，並不是件複雜難做的事。但也不能太隨便，應注意當時說話的場合和方式。最容易讓人接受的是這樣說：「鑒於我們公司業務的特殊性，我認為你在公司這樣長期做不下去，顯然對你對公司都不太合適，公司已決定，你應離開公司另找工作。但是什麼時候離開？怎樣離開？還沒有正式決定下來，請你先考慮一下，然後我們再交換意見。」

這樣簡單而直截了當的談話，將會取得你預想的結果。

③ 讓別人來「聘用」他。

有的公司礙於當時聘用人的後臺關係，或其他難以言明的因素，不便直接下令讓某人離開公司，總是說服別的公司接收此人，並讓這家公司主動找該人聯繫工作。當此人被該公司「聘用」後，自認爲是自己的才華被老闆看中而被挖走的，對於「聘用」之中的一切都始終蒙在鼓裏，根本不知自己是被原公司體面地「開除」的。

④ 為他找到合適的位置

有些職員雖然肯幹誠實，但是礙於自身文化水準較低、適應能力弱等原因，不太適應公司業務發展需要。這裏如何安排他爲好，是解僱？或是降級使用？必須認眞研究。常用的處理方法是，把他調到另一個適合他的工作崗位上去，或許到這個崗位，他會幹得更好。關鍵是找得到這個部門。

⑤ 果斷處置不手軟

對任何公司和老闆來說，開除或解僱員工，總是一件令人不快的事，因爲這或多或少地反映了公司存在的某些缺陷或不足之處。但是如果解僱的是一個存在一天，對公司就爲害無窮的「搗亂分子」，則沒有一點值得留戀的。某公司曾經遇到過這樣一位公司的背叛者。

就像舞臺上總會有一個兩個奸角，領導的下屬裏面也並不全是忠誠之輩、老實之人，一定也會有一兩個類似於奸角的人。有一雙火眼金睛的領導當然很容易辨認出來，但偏偏不少領導者都有近視症，就是本身不正，有徇情謀私之意，帶點歪門邪氣。

第十六招

無折扣

當任何人都不知道誰應負責的時候，責任等於零

企業領導者的命令如果得不到執行，就和沒有發布這個命令毫無分別；企業領導者的命令如果只被執行一部分，效果也還是跟沒有發布這個命令一樣。

命令不是廉價的處理品，只要是命令就應該讓執行者觸目驚心，認真對待，不得夭折。

——英國劍橋大學經濟學教授理查茲·肯特

打折扣的命令不值錢

命令是帶有強制性的法規文件或口頭聲明。眾所周知，命令是管人最常見的表現形式，「有令必行」是管理工作的通則；反之，在執行過程中，命令被打了「折扣」，必定會達不到如期的效果。作爲一個領導，如果你的命令被下屬在執行中大打折扣，恐怕你不會高興。打折的商品至少還能賣出本錢，但打折的命令，實實在在連一文錢也不值！

並且，你的下屬敢對你的命令打折，很顯然他們沒有把你的權威放在眼裏，甚至，他們根本沒把你當上司看。這也說明，你對他們的管理是徹頭徹尾失敗的！

要想樹立權威，就不要讓你的命令打折扣！因爲你的命令從某個方面說是代表了你本人。

那麼，如何才能讓你的下屬徹底貫徹你的命令呢？

答案簡單地說，就是你一定要掌握向下屬傳達命令的技巧和方法，在下達命令的過程中向下屬傳達這樣一種信念：

我是你們的上司，我不允許你們把我的命令打折扣，否則……。

後果，就在你的眼神中！

用命令控制下屬

命令常常被下屬打折扣的上司，除了本身缺乏應有的力量之外，另一個更重要的原因就是他們沒有掌握發布命令的技巧和方法。

十九世紀英國著名的政治家迪斯累裏在總結控制別人的行爲的思想時得出結論說：「人是被話語統治著的。」你也可以用話語爲你的思想和感情服務，你可以用你的方式去指揮別人按照你的意志行事並爲你的目的服務，你也可以下達被認眞貫徹執行的命令。

給下屬發布命令的技巧具體是：

①命令要重點突出，不要面面俱到。如果你要把你的命令講得過於詳細和冗長，那只會製造誤解和混亂。

②為了使你的指令敘述得簡要中肯，你要強調結果，不要強調方法。為了達到這個目的，可採用任務式的命令。一種任務式的命令是告訴一個人你要他做什麼和什麼時候做，而不告訴他如何去做。「如何做」那是留給他去考慮的問題。任務式的命令為那些替代工作的人敞開了可以發揮他們的想像力、主動性和獨創性的大門。不管你的路線是什麼，這種命令的方式都會把人引導到做事的最佳道路上去。如果你是在為你自己做生意，改善了的方式就意味著增加利

潤。

③當人們準確地知道你所需要的結果是什麼的時候，當他們準確地知道他們的工作是什麼的時候，你就可以分散權威和更有效地監督他們的工作。如果你是經營商業或工業，或者在作銷售，甚至你可能在軍隊中服務，當你能確保人們準確地知道他們的工作任務時，至少你會享受到減輕你的工作壓力和更有效地監督你的下屬這兩種具體的好處。

④當你發布使人容易明白的簡潔而清楚的命令時，人們就會知道你想做什麼，他們也就會馬上開始去做。他們沒有必要一次一次地回到你那裏只是為了弄清楚你說的話。在多數情況下，一個人沒有為你做好工作的主要原因就是他或者她沒有真正弄明白你要做什麼。如果你希望別人絲毫不走樣地執行你的命令，那麼命令的簡單扼要是絕對必要的。這是你必須要遵從的一個牢固的規則。

在商業上，那些利潤最多的公司都是在各方面力求簡潔的公司，他們有簡潔的策略思想，有簡單的計畫和執行綱領，對做決策的責任也有專門的安排，簡化行政管理程式，取消繁文縟節，採用簡單的直接聯繫。成功的商業公司各個方面都盡可能地保持著簡單樸素的工作作風。

掌握了以上的四條技巧，你下達命令時便會胸有成竹，你的下屬除非故意冒犯，否則找不出任何理由不貫徹執行你的命令。

不要無的放矢

作爲領導者，向下屬發布命令，如何才能做到有的放矢？

首先，你一定要有發布命令的充分理由。換句話說，在發布命令時的第一個要求是要確定一個命令有沒有存在的實際需要，在你工作中的某些行政細節既然已經成爲日常工作的一部分，就沒有再作爲命令頒布一番的必要了。

在大多數情況下，商業上或者辦公方面的日常工作，通常都是按照以往建立的一些規章制度加以處理的，只有當某個規定要發生的時間上的變化或者內容或程序上的變化時，才有必要發布一道命令。事實上，只有在下面的四種情況下，才是需要命令的：

①開始某個行動。

②改正行動中的一個錯誤，或者解決某一個問題。

③提高一個行動的速度，或者放慢一個行動的速度。

④終止一個行動。

其次，你在發布命令時一是要有一個目的，亦即，在你發布一個命令之前，要準確地知道你想達到的目的是什麼，自己追求的結果什麼。否則太多的命令就會像我院子中的野草一樣無法控制。爲了明確你追求的結果，你可以按照下面七條簡單的指導原則發布命令。

①我要做的事情是什麼？
②為什麼做這件事情是必須的？
③這件事情什麼時候必須完成？
④要在什麼地方完成這件事情？
⑤最適合做這件事情的人是誰？
⑥該怎樣做這件事情？需要什麼樣的工具、設備和人員？
⑦做這件事情需要花費多少錢？

遵循這七點去做，你就會強迫自己去回答誰、什麼、什麼時候、什麼地方、爲什麼、如何和多少這幾個相關的問題。當你這樣做了以後，你勢必會改善自己發布命令的能力，也會使工作布置得更明確，並得到有效監督和順利完成的技巧。

要牢記你應該永遠將你的主要精力集中到結果上，而不要集中到方法上。這樣你就能夠在發布一條命令之前準確地知道自己要達到的目的。一旦你知道了你要達到的目標，你就要立刻把它告訴給你的下屬。那麼，完成這項工作應該說是毫無問題，你也會輕鬆地獲得駕馭別人的卓越能力。

最後，你在發布命令時一定要給下屬一個承諾。換句話說，要全面徹底地讓一個人知道他在執行你的命令之後會得到什麼好處。這樣就需要你在告訴一個人做什麼之前，全面地考慮一下形勢，再在頭腦中調換一下角色，以便你能夠從他的觀點來看待你的命令。那樣的話，你就能準確地告訴他，他按照你的要求做事會得到什麼獎賞，你必須適當地督促他服從你的指揮。

不管你的命令是什麼，執行命令的人總是首先要準確地瞭解在執行這個命令中他能得到什麼。這樣你就得讓他知道：按照你說的去做會得到什麼好處。當你打算告訴一個人如何改正他的錯誤時，更有必要這樣做。

要讓一個人知道，當他按照你說的做了才能實現自己的基本需求和願望，這可以使你發現什麼樣的潛在動機可以用來讓一個人按照你的命令去認眞地做事。命令並不難，只要你按照以上的三個要求去做，

別讓聽令者猶豫不決

不知你發現沒有：當你下達命令時，有的下屬顯得猶豫不決——很顯然，即使他執行

了你的命令，也是十分的躊躇，那麼執行的效果一定要打折。

為什麼你的下屬會猶豫不決呢？當一位個性溫和、待人誠懇的經理命令你：「請你做這項工作。」之後又被一個表情嚴肅的科長叫去：「三點前，完成它。」你該怎麼辦呢？你會先完成慈祥的經理交代的工作呢？還是先完成嚴肅的科長命令的任務？由此可以瞭解，利用人性來下達有效率命令的重要性。

①大聲下命令。若你的聲音太小，有可能被下屬誤以為是在說一件不重要的事情，因此，你必須明確地表示：這是上司在對下屬下命令。

②在眾人面前下命令。如此下屬便能拒絕其他的任務，或者先完成你交代的任務。

③表情嚴肅，並且威嚴地下命令。這並不代表逞威風，你必須讓下屬感受到你的鬥志：「對於這件工作我很認真，拼了命也要完成它。我絕不會原諒那些企圖違抗命令，或者混水摸魚的傢伙。」

上述的方法必須在你已經相當熟悉自己的職務時才可使用。在初上任時，便運用這種方法，即有可能被周圍的人嫌惡，說你是一個傲慢的傢伙。另一個有效的辦法，是面對面給他下達命令，看他如何反應。

「命」這個字是由「口」和「令」組合而成的，亦即用口傳達給對方的是件非常重要的事。或許有人認爲，寫在紙上傳達比較不會發生錯誤，但是，用文書傳達的命令較缺乏魄力。反倒上司口頭命令說「你做這個」時，聽話者即可分辨出任務的輕重緩急，並適時地完成它。

不過有一點請注意：面對面下命令對一定要看著對方的眼睛，再簡要地傳達自己的意思。如果說話時用詞草率，或者省略內容，那麼可能無法明確地傳達自己的意思。比如：「用平常的『那個方法』就可以了！」「把『這個』做成『那個』！」使用這類含意模糊的句子，會有不良的後果。

下屬中有比你年長的人時，在態度以及措詞方面都必須特別留意。最重要的關鍵在於，雖然你必須對他下命令，但是，在平常時候，仍可表達適當的敬意。同樣地，對於女性職員，也要注意自己的措詞。不可太威武，亦不能太過拘謹，切勿輕浮地要求對方爲你辦私事。

按理說，主管都是叫下屬到自己的辦公室，再傳達命令，但是，有時你不妨到下屬那兒下命令。特別是在初上任時，如此做較容易給下屬良好的印象。

這樣的話，即使你的下屬不太情願，也不敢猶豫不決或找藉口推託。

讓下屬理解你的命令

你的命令是否能得到貫徹執行，與你的下屬對它的理解程度有很大關係。簡單地說，他對命令理解的程度高，執行起來就非常順利，即使有折扣也不會很大；反之則很可能大打折扣。

除了下屬本身的能力之外，**如何才能讓下屬完全理解你的命令呢？**

(1) 讓他們覆述你的口頭命令

這條規則是絕對不可忽視的。如果你破壞了這個規矩，事情就會出亂子。如果別人沒有聽明白你的命令，那你肯定不會得到希望得到的結果。

要使這條規則成爲一個硬性的規定去執行。很顯然，當你一個人重覆你的命令時，他可能一時會惱怒，他可能認爲你這是在侮辱他的記憶力和理解力。這個你不用擔心，有一個容易解決的辦法。你只需說：「小王，你重覆一下我方才說的話好嗎？我想檢查一下我有沒有遺漏什麼，或者說了什麼不當的情況。」這個問題不就馬上解決了嗎？

(2) 當他們沒聽明白的時候，你讓他們向你提問題

如果一個人沒有聽明白你究竟想要幹什麼，他就會問你以便弄明白，這是正常的。但是如果是當著一群人發布命令，即使沒有人問你什麼，你也不能認爲大家全都聽懂了。在多數情況下，每個人都會有問題，只是礙於面子，不想在同事們面前暴露自己的無知。如果你懷疑確實有人沒有聽明白，你就使用第三種技巧。

(3) 你向他們發問，用以證實他們是否聽明白了你的命令

例如，你可以問：「你打算怎麼理解這個問題？小李。」，「對於處理這件事你有什麼看法？小張。」

或者你可以用下面三種方法中的一種。

①「你明白為什麼這個零件要放在最後嗎？」

②「你明白為什麼這個小環要放在最前面嗎？」

③「你知道為什麼溫度總是保持在二〇℃嗎？」

如果你希望一個人在他的工作中發揮出最大的能力，希望他把工作做得非常出色，那麼你就要告訴他你讓他做什麼，什麼時候做，但不要告訴他如何去做。讓這個人自己去想做它的辦法。這樣就能迫使他動腦筋，發揮自己的主觀能動性去完成任務，這就叫做任務式的命令。

任務式的命令能夠增強人們的責任感，每個人都會感到自己是那個組織中眞正有貢獻的成員之一，能使你獲得駕馭下屬的卓越能力，你甚至可以在自己的家庭裏使用。使用這種技巧，你就不必一樣一樣地告訴你的下屬做什麼、該怎樣做了。

使用任務式的命令法，你不但可以管好下屬，並且使他盡力發揮自己的創意，把命令執行得超出你的意料之外！

確保命令的執行

爲什麼有許多命令或指示下達後總是受阻呢？就是因爲領導沒有監督自己的命令的執行情況。

你發布一條命令，大家聽明白了，你笑了，你感到心滿意足，你認爲自己做了一件要保證工作順利進行，你的命令就必須得到認眞地貫徹，你必須自己親自去檢查工作，因爲下級不敢忽視上級的檢查。

檢查一個人的工作，以便督促他能夠如實地執行你的命令，但也不能傷害一個人的感情，所以這也是一種藝術。監督過度會毀壞一個人的主觀能動性，監督不夠對執行命令也很不利。要監督還得考慮不要引起被監督者不滿的最好方法是：隨時到工作現場走走、看看。你的露面對於能使一個人保持緊張的工作狀態發揮有力的督促作用。

你可以用下面的檢查單中的專案去檢查和監督你的下屬是否在認眞地執行你的命令。

(1) 每天要專門拿出一點時間檢查工作

每天都要檢查你所管轄的工作的一部分，但不要每天都在同一時間檢查同一內容，要變換時間，也要變換檢查的內容。

(2) 在你檢查工作之前，仔細思考一下你要檢查的重點

在你檢查工作之前，要反覆琢磨一下你的檢查重點，最好你每次檢查的內容不要少於三點，但也不要多於八點。每天都要有變化，這樣，用不了多長時間你就會把全部工作程序和工作任務都檢查到了。

(3) 要有選擇地檢查

你在檢查工作的時候，不要廣泛地檢查，要有所選擇地檢查幾點，不要讓任何事情分散你的精力，也不要讓任何事情打斷你的例行公事，這樣，你所管轄下的整個工作都會有條不紊地順利進行。

(4) 檢查時要有重點

檢查時你要按照你選擇的重點進行檢查，而不是按照你的下屬爲你提供的重點進行檢查。如果你沒有自己的重點，那你就可能被人家牽著鼻子走。你時刻不要忘了誰是檢查者，誰是被檢查者。

(5) 永遠要越過權力的鎖鏈

這一點是絕對必須的，毫無例外。不要問你下屬的管理人員他們工作得怎麼樣，你知道他們會怎麼回答，你必須親自到工作場地去，只有這樣你才能看到你想知道的東西。作爲一種禮節，那個部門的管理人員一定會跟隨著你，但你不要問他任何問題，你要對他管轄下的人提一些問題，這是你能夠得到直接回答的唯一途徑。

(6) 要多問問題

要記住，你檢查工作是爲了更瞭解情況，而不是讓別人瞭解你。所以你要多問，細心聽取回答。讓你的下屬告訴你他們怎樣改進自己的工作。如果你讓他們說，他們是會告訴你的，畢竟大多數的人還是希望把工作做得更好的。

(7) 重新檢查你發現的錯誤

如果你不能採取必要的行動改正你曾經發現過的錯誤，那麼這樣的檢查就沒有太大的價值。既然發現了錯誤，就有必要重新檢查。爲此要建立一個制度，要對你下達的改正命令實行監督，以便能夠得到貫徹執行。

切記，一個命令如果缺乏監督和檢查，那麼和沒有這個命令毫無區別！

領導向下屬發布命令時才能做到心中有數，不亂發布命令，不用狂傲的態度發布命令，發布命令時會替下屬著想。發布命令之後甚至還會隔一段時間就去瞭解一下命令被執行的情況，切忌讓你的下屬折扣命令。因爲沒有命令，下屬就會是一盤散沙，企業就會失去措施和方向。

第十七招

面對面

分歧一旦被化解
分歧點便會成爲結合點

「以人為本」的管理思想主張：力戒傲慢無禮，而要親近下屬，聽取意見，完善自我，加強管理工作，提高下屬的價值。拒絕傲慢，主動親和，是現代企業領導者贏得人心的管理方法。

有效的領導者是注重面向下屬的，他們依靠信息溝通使各個部門像一個整體那樣行事。

——美國密執安大學教授R・利克特

傲慢的上司遭人冷落

傲慢是企業領導者專權管理的表現，傲慢是企業領導孤傲性格的張揚，其弊端有二：一、誇張自我權勢；二、破壞人格自尊。以傲慢對待下屬的領導者唯一理由就是他相信權力是管好下屬的唯一武器，要體現權力就必須傲慢待人，這種錯誤的觀念使他看不到醜陋的自己，只看見在他面前出現唯唯諾諾的下屬。

領導者在下屬面前要樹立威信，但千萬不要用一副傲慢的態度來樹立自己的威信，否則誰也不會理睬你。

主管威嚴的表現會因公司的風格、氣氛以及經營者、公司成員的不同而有所差異。但是，你仍然應當避免表現出趾高氣昂的態度。

下屬絕對不可能順從品行惡劣的上司，尤其女性職員更會覺得厭惡，不願與之接近，而其他公司的人來訪時，也會感到不愉快，若是重要客戶，則會直接影響到公司的業績。

其實你大可不必如此傲慢。只要你能夠獨當一面，職位是不會跑掉的。只有缺乏自信的人，才會虛張聲勢，無論對自己或對周遭的人都想弄虛作假，這種行爲都會招致下屬的厭惡與不信賴。

你最好時時刻刻留意自己的儀容，看看自己的表情、姿態是否令人厭惡？即使只是些輕微的改正，也會有很大的差別。你的臉部表情會反映出你的內心感受，這實在是不可思議的肢體語言。另外，不論與下屬多麼熟悉，也最好避免直呼下屬的綽號，這是相當失禮的。

在態度傲慢所遭受的損失中，最嚴重的應該是斷絕了情報的來源。假設，下屬認眞地向你報告某件事情，而你卻屢次打斷他的話，那麼恐怕以後這位下屬再也不會向你報告事情了。

由於這是一個迫切需要情報的時代，情報的多寡與任務的成敗有著密不可分的關係。因此，千萬要避免做出斷送寶貴的情報來源的愚蠢事來。

領導者傲慢對待下屬，只會在自己和下屬面前豎起一堵牆，實乃得不償失。

切勿冷淡對待新職員

新職員要適應環境，未必能在短時間內有所建樹。主管應予以體諒，並協助他儘快適應環境和新工作。

若任他自行適應的話，可能使他產生被忽略的感覺；以爲擔當一些可有可無的職務，失去了進一步求知的欲望。因此，在吸收了新職員後，首先強調要他儘快學習新知識，並指定某些職員是學習的對象。最重要的，是先知會那些下屬，要負責指導新人。有些下屬喜歡排斥新人，故意要新同事做些低微而沈悶的工作，從而打擊他們的意志而思退。

主管應按時詢問新下屬的學習感受，看見他囁嚅的態度，就應該心中有數；改由其他下屬指導，或安排他做另外的工作。許多主管以為包庇舊下屬，是寬宏大量的風度，但此舉會阻礙新職員適應和學習新知識。

當新職員接受了指導後，別忘了加以讚揚，一句「悟性高」或「頗聰明」，已能令對方心花怒放，更專心地學習下去。

安排年資短的員工接受短期專業訓練，有助於他們對該行業或本身的工作，有更多的認識。下屬接受過訓練，必須給與他們發揮的機會，除了使他們有練習機會外，也不會浪費公司的資源。

任何員工均有資格接受短期訓練。許多公司的主管挑選被認為有潛力的下屬，接受專業訓練。然而，下屬是否有潛力，不容易從很淺的認識中得知。一些表現不甚突出的人，其智慧可能仍在發掘中；相反地，許多表現良好的人，其實已將潛力盡露，難有更佳的發揮。由於上面的原因，主管若有權派遣員工接受訓練，應公平地推薦所有員工。如下屬數目過多，可以分期執行。

很多年資長的下屬均抱怨薪金與年資短的同事太接近，認為公司厚此薄彼、忽視舊人。由於公司有薪金制度，而且上司認爲新人到公司，擔當與舊人相同的工作，過分壓低其工資，才是不合理之舉。但是自認爲公司的元老級或功臣的員工，很少願意接受以上的論調的。

而對年資長的下屬多方抱怨，身爲上司的你應做出以下的反應：不要跟他們正面提及待遇問題；細心聆聽他們的牢騷，適當地做出表情反應，切勿冷淡待之；無論任何時間，可以有意無意地強調他們對公司的貢獻；私底下要年資短的下屬向他們學習，待傳到他們耳中時，定有被重視的感覺。不過，遇到懶散而只懂埋怨的下屬時，則不論年資長短，均要做出適當的制裁。

年資長的下屬對公司有一定程度的瞭解，也經歷過無數風浪和挫折，有他們的存在，對其他下屬有一定的情緒安撫作用。一些剛入行的員工遇到挫折時，他們告知的經驗，發揮了一定的安撫作用。上司應不時向年資短的下屬告誡，要他們對年資長的同事倍加尊重；原因是尊重他們，等於尊重自己，以及使別人尊重未來的自己。

作爲領導，對新、老下屬要一視同仁，不要一面冷一面熱，一面傲慢對待、一面謙虛爲懷。

別讓辦公室的門緊閉

如果你注意一下，就會發現，傲慢型的領導者辦公室的門從來都是緊閉的，就好像領導者的臉一樣總是緊繃著。原因在於，他從來不徵求下屬的意見。

使一個人感到自己很重要並能使你贏得支配他的無限能力的最爲快捷的方法就是請求他的幫助或者徵求他的意見。所有需要你做的，只是說一句「對這個問題你有什麼看法？」你這樣做甚至能使警衛回家向他的老婆吹噓，說連公司的經理都向他徵求解決問題的辦法了。

不過，這裏有一點需要你加以留意：當你向某人徵求意見的時候，你要認眞有禮貌地傾聽人家的回答，不管對方的話在你聽來會感到有多麼的離譜，你都得耐心地聽，一直要把人家的話聽到底，不管其觀點是否與你的看法一致，都不能有任何表示懷疑的態度，甚至你明知道他的建議毫無用處，也不能說出來。否則，你就會挫傷他的自尊，就會降低他的自我價值，導致與你的初衷背道而馳。當他講完話以後，你要由衷地謝謝他，你要告訴他，你會想盡一切辦法按照他的建議去做。你會發現，你這種肯於聽取意見的做法，會促使員工動腦筋思考更好的工作方法，這樣做對你是很有好處、很益的。聽取別人意見頗像淘金，你看著的是沙子要比金子多得多，但當你發現一塊金塊的時候，你會狂喜得情不自禁。

有家有名企業的領導者曾說：「我知道有不少公司用意見箱的方式徵求員工們的新思想和新辦法，」他說，「我們這裏也曾經裝了一個意見箱，但後來就拔掉了，因為這種做法太不近人情。此外，提意見的人從來不知道他提的建議是否真的被上司看過了還是被當做垃圾扔掉了。現在，我的辦公室的門整天都敞開著，任何一個員工只要感覺有什麼可建議的事情就可隨時進來談一談。如果他的建議內容比較複雜，需要一些圖示或者詳細描述，無論需要什麼樣的幫助，我們辦公室的工作人員都會向他提供。當我們一開始推行這個辦法的時候，確實收到不少各種各樣的建議，其中有用者微乎其微，但我們沒有灰心或者放棄，現在，如果有人進辦公室來提新的建議，大都是有實用價值的。」

把門開著是使人感到自己重要的一種極好的辦法，這種方式會使你的員工知道你是眞正地對他發生興趣，是眞正地對提出的建議發生興趣。他們會感到他們很容易見到你，他們可以把他們的想法和問題隨時告訴你，你也會認眞地聽他們的講話。一扇敞開著的門，就能把你是一種什麼類型的人向你的員工講清楚了。它會幫助你獲得駕馭他們的無限能力。

傲慢型的領導者要想改變形象，再沒有比把門打開更好的辦法了。

不要閉關自守

身為領導者切記不要閉關自守，否則很有可能被下屬視做傲慢，且很容易使企業裹足不前。

H公司的I科長，是公司「業務改善提案委員會」的委員之一，但只要碰到自己課裏的提案，必定加以否決，並提出下列的說辭：

「這提案，與三年前A君所提出的一樣，因為有缺點，所以不能採用。」

「這提案是我們去年否決過的，因不符合規定，故不考慮採用。」

相反地，若碰到與自己課裏無關的提案，則一律通過。

會產生這種情形，大都是因為這類主管的自我防衛意識過於強烈，他們惟恐自己的領域，遭致攻擊或挑剔，所以一開始，就採取自衛的態度。這種主管多存在一天，公司的改善希望就多耽誤一天。因而，一個眞正優秀的主管，勢必要衝破這道「部門自守」的鐵牆。而一個企業，要不斷地獲得改善與發展，也務必要超越自我，與其他各部門多方聯繫。

二十幾年前日本三菱電器公司，為了降低製造成本，將以往大而不便攜帶的電扇裝備，以簡化的原則，重新改變包裝設計，最後，想出了分節包裝的方式。這個新方式，產生了下列的優點：運費減半、保養費減半、包裝費減少十四％、組合部門的人力需要大幅度地減少、因包裝縮小，顧客可自行攜帶，節省了一筆不算小的送貨費。

這些利益，不僅有利三菱公司本身，就是連售貨商、經銷店也受惠不淺。於是在短短的一年間，同業的製造商，也都相繼採用這個新方式。

除了要衝破部門與部門之間的「牆」，更要在領導者和下屬之間架起一道橋梁，增進溝通，互相理解、尊重。然而要做到這一點，傲慢型的上司一定要放下架子，切忌下了班之後還在下屬面前傲慢嚴肅，不苟言笑。

上司可以輔助推選，並參與下屬的下班活動；如果上司的性格是過分嚴肅的，下屬們都不願與之在辦公時間以外接觸，以免有玩得不痛快之感。

這要視上司平時的態度，是否執著於「我是上司、你是下屬」的界限。其實大家對自己的身份非常清楚，只要各盡其責，實在毋須做出過分標榜。上司可以一如朋友般，有限度地透露一些私人事情，拉近與下屬之間的距離。

一定要小心的是，切忌聽信一些阿諛奉承的下屬，安排前往涉及男女關係的消遣場所。那些人可以這樣安排，也會將上司的醜聞宣揚，而且也顯示那些下屬才幹有限。有才幹的人毋須用低俗的手法，取悅上司，從而希望得到好處的。

放下架子，領導者才能在下屬中間如魚得水，毫不拘束；下屬也才能暢所欲言，幫助領導者提建議，一起改進工作。

別嚇著你的下屬

嚇唬下屬，和壓制下屬沒有什麼本質上的區別，同樣不是以德服人，而是以勢壓人。對這種管理下屬的辦法，誰也不會心服口服。膽子小的下屬即使表面服從了你，實際上卻在心裏默默地反抗，這種反抗的星星之火，總會有燎原的一天。

許多下屬不敢向上司發問，以免被認爲愚笨或無能。事實上，一般上司在下屬發問時，往往會皺著眉頭，一副不耐煩的樣子，又如何能不嚇怕了下屬？無形中給與下屬一個訊息：少發問、多做事。

鼓勵下屬發表意見，並不是單憑一句：「還有什麼疑問？」下屬就會願意提出問題的，因爲在一般人的心中，上述那句話只是散會的表示，並非期望有人眞會提出問題。因此，要知道下屬到底是否已清晰地接受指令，可以用引導方式問他：「你看細則上是否仍有疑點？」或「你有沒有更好的方法？」等等，就實際得多了。

有些下屬並非不想發問，而是他們對該事情完全不瞭解，因此根本找不到應該發問的地方。主管應就事項某些要點向他們發問，如果他們答非所問，或問些偏離了主題的問題，就表示有重新研討的必要，以免浪費時間。

許多下屬在聽從上司的指示時，均表現得唯唯諾諾；到眞正實行時，卻是錯漏百出，或跟不上進度。此時如果上司光是指責下屬無能，不但無補於事，也破壞了一個上司的形象。

下屬工作有錯漏，不一定完全是他的錯誤；人與人之間的溝通，發生誤解的情況是在所難免的，這並不是任何一方的責任，不能以上司的權勢威嚇下屬。

爲了使下屬有效率地執行任務，上司有責任在發出指令的同時，試探對方的接收程度。例如圍繞任務的範圍討論，聽取對方的意見，並且在適當時間詢問工作的進度等，也是避免下屬工作離題的方法。

過分明顯地叮囑，使下屬感到煩厭，反而產生抗拒。這是爲何大多數母親屢次叮嚀，她們的孩子都會常常忘記的道理一樣。在聆聽者的心裏，以爲對方會不斷提醒自己，因而不會將說的話銘記。因此察看下屬的反應，並不代表不斷的叮嚀，而是肯定下屬已經明白你的指令內容，以及你對他的期望。

如何得知下屬是否已掌握你指示的意思？

①知道該項任務從何處入手。
②知道該項任務涉及什麼人。

③知道該向誰求協助。

④清楚目標是什麼。

⑤可以對完成任務的日期做出較肯定的預計。

要以德服人

很顯然，以德服人，表明企業領導者從自我做起，嚴以律己；以勢壓人，表明企業領導獨斷專行，濫用權力。前者能贏得下屬的尊敬，後者只能落得下屬的反叛，因此，沒有必要非要引起下屬的反叛，才能表明你自己手中的權威；相反，長久贏得下屬的尊重，才能表明你自身的德性多麼重要。

品德高尚的領導者可以使遠方之人前來歸順，得到下屬群眾的擁護，而要做到這一點領導者必須行爲端正，可以爲人表率，講究信用可以守約而無悔，廉潔公正且疏財仗義。這樣的領導才可以稱得上稱職。

向人表示敬意，能夠聽取別人的意見，可以聚集比自己強幾十倍的人才。只以平等方式待人，可以招來與自己能力差不多的人才。而如果自恃權勢，對人呼來喚去，則只會有一些小吏投靠你。昏庸無道，隨意責罵人，只能剩下留在身邊的奴僕。那擁有了人才，該如何處理好與他們的關係，怎樣才能留得住呢？

①對人才要加以信任，因為只有信任才能對他委以重用，才能人盡其才。這樣下屬才能感念你的知遇之恩，定當肝腦塗地以報之。其次的一個動力就是嘉獎，下屬為你賣命，僅以信任作為回報是不夠的，還要適當給予獎勵，以得再戰。再次對待下屬一定要公平，不可厚此薄彼、偏袒、存私心。

②看待下屬要克服成見，不可因不對自己胃口等原因而戴著有色眼鏡看人。因為每個人的愛憎好惡有差異而且對即使同一種行為也會做出不同的評判，這在心理學中被稱為「成見效應」，「情人眼裏出西施」就是這個道理。

③作為領導者要以德服人，而不是以權壓人。古人云：「卑讓，德之甚。」也就是說，卑讓是「德」的根本。以德服人是心服口服，以權壓人則是口服心不服，甚至連口也不服。

最後注意一點：以德服人不要只停留在口頭上，而要做出來讓每一個下屬都看見。

第十八招

寬鬆

權威的基礎是能力
而不是畏懼

如果在你召見下屬的時候，你看到對方抓耳撓腮，扭捏不安，就說明了你還有做得不夠的地方，你肯定還有什麼沒有替下屬想到，要不就是你給他帶來了壓力。

無論你的手段多麼巧妙，高壓手段終會招致他人的抵制和報復。

——美國哈佛大學管理學教授科特

切忌強制留人

企業領導者強制留人，留得住下屬的人，但卻留不住下屬的心。

有這樣一個典型案例：中國北京某廠技術科負責人郭某設計的產品曾多次獲獎，對廠裏貢獻頗大，廠裏獎勵過郭某一套房。後來廠裏懷疑郭某私自為外廠做事，便撤銷其科長職務，調到與技術無關的崗位。郭某因為發揮不了特長，要求調到某三資企業，企業堅決不放，因為現在廠裏經營十分困難，專業隊伍不穩定，同意郭某調走會使更多的技術人員外流，現在不安排工作只是暫時的，以後還是要用的。而郭本人去意已堅，說什麼也不在廠裏了。最後經人才交流中心仲裁，郭某終於去了三資企業，但廠裏一直不提供轉行政關係、組織關係。

再如，某三資企業好不容易招聘到的幾名德語翻譯，突然提出辭職，中方管理人員堅決不同意因為合約未到期，放走幾人會跟著走一大批。問題反映給外方總經理，總經理批示很簡單：「凡是要走的員工都應該同意他們走，強制留人，心情不舒暢，是做不好工作的。」一走時總經理專門開個歡送會，送給每人一百元，一張名片，表示以後有困難可以直接找他，願意回來也可以。一席話說得大家熱淚盈眶，以後果然大家又回到這家企業，並且還推薦了幾個人。

如何處理這種事呢?**首先要搞清人才流動的意義、作用和發展趨勢**，人才流動是人事制度改革中的新事物，對傳統的幹部「部門所有制」、「員工服務廠家終身制」是一個衝擊、一場革命。人才合理流動有利於生產資料和勞動力的最佳組合，充分發揮人的潛力。**其次，對企業來講，人才流動也是好事**，企業可以到廣闊的人才市場去挑選人才。然而，人才流動對企業產生較大的壓力，要留住人才，企業就要有凝聚力，就要重視人才，關心愛護人才，為人才成長創造一個好環境。

第三，對於執意要走的員工還要搞清他走的動機。是因為和領導者、同事關係不融洽，離家遠，還是因為企業效益差?然後再說服下屬工作。如果企業在用人、關心人等方面確有失誤，可以坦率地承認錯誤並立即改正。任何企業都不可能把所有事考慮得那麼周到，承認失誤。要表示愛才的坦誠，可以勸告其眼光放長遠點，著眼於企業前景，希望他增加點責任感、使命感，與廠方同舟共濟，共渡難關。如果做了很多工作，對方仍然要走，明智而現實的做法是開綠燈放行，因為強摘的瓜不甜，留人留不住心，人才潛能發揮不出來，只能產生負作用：一是個人不好好幹，甚至吃裏扒外，把單位技術資料外傳；二是攪亂人心，影響其他人。

強制留人，不但對下屬不利，對自己也不利，實際上是一種愚蠢的雙輸行為。

消除下屬的不安

工作中時常會出現狀況，使你的下屬感到無法安寧；如果這些因素是由於身爲領導的你造成的，你一定要設法消除他的不安。

我們不妨把員工分成四種形態，再依次分析：

①穩定型：認為工作勝任愉快，而工作環境也相當良好的，自然身安心樂，稱之為穩定型，是因為這一形態的員工，多半會穩定下來，不容易見異思遷。

②矛盾型：認為工作勝任愉快，而工作環境則有很多不如意的地方，去留之間相當矛盾，時常猶豫不決。

③游離型：認為工作環境相當良好，不過工作則不能勝任。遇到有更合適的工作機會，就可能離職他去，所以稱為游離型。

④滾石型：工作不勝任不愉快，工作環境也諸多不滿。在這種情境下，實在很難安心工作，以致騎驢找馬，一有機會便準備跳槽。

矛盾的員工，覺得工作相當理想，捨棄十分可惜。但是在工作環境方面，則有許多不安，例如照明不佳、通風不良、交通不便、安全不放心等等，使員工覺得內心非常矛盾：「走，可惜；留，難過。」這時候我們應該把員工的不安，區分成爲個人的或集體的兩大類。個人的個別解決，集體的則由公司統一予以改善。

消滅工作環境方面的不安，可以按「馬上能做的，立刻解決；過一段時間就能改善的，宣佈時間表；暫時不可能的，誠懇說明困難的所在」的原則，逐一改善或說明。只要員工覺得合理，自然會消滅不安的感覺，使自己改變形態，從矛盾型爲穩定型，因而安心工作了。

游離型的員工，認爲工作環境相當理想，可惜工作很難勝任，當然談不上愉快。工作的勝任與否，直接影響員工的工作業績及工作滿足。員工的個別差異，正是主管指派工作時必須考慮的要因。依員工的特點配合工作的特性，例如成長需求較高的員工，給予比較複雜的工作，而成長需求較低者，則不妨調派比較簡單的重覆性或標準化的工作。

實施在職訓練，乃是使員工由不勝任而勝任的一種方法。定期或不定期的工作輪調，則是增加員工工作變化性的有效方式。變化性加大，可以降低對工作的厭倦程度，是工作的橫向擴大，工作豐富化在垂直方向有所延伸，增加員工的自主責任，使其獲得更爲完整的滿足。工作改善，自然減少員工的游離感，促其趨向穩定型。

滾石型的員工，由於工作與工作環境都不合適，因而身不安心不樂。這種心態如果不予改變，就會造成不做事、光搗蛋的滋擾份子，令人頭疼不已。

人事部門最好和他談談，不必直截了當地指責他，先說他似乎和現在的主管沒有什麼緣分，所以處得不愉快，工作績效也不高。然後讓他挑選認爲比較有緣的主管，如果願意接受，便調單位試試，若是不願意接受，也讓他明白，並不是人家都歡迎他。調職之後有所改變，等於救活一個人。沒有改變，則問問他的感想，自願離職最好，不自願離職，由比較接近的同事勸導他。不聽，和他家人談談；再不接受，人事部門可以正面勸導其離職他就。

消除了下屬的不安之後，下屬才會一心一意地專注於工作，爲你效力。

讓制度活起來

很多時候，是過於苛刻的制度令下屬感到不安。作爲一個中層領導，你無法改變制度，但至少可以在你的許可權範圍內讓制度活起來，消除下屬的不安。

嚴格地說，安人是管理的最終目的。安人之外別無他物，我們這裏所說安人之外的增強物，乃是爲方便而說的，意指制度以外的一些措施。

制度雖然很重要，但是制度以外的事項，影響也相當重大。例如制度不可能規定主管必須關懷下屬，給予及時的輔導，認可並讚揚下屬良好的績效等等，但是這些制度沒有規定的事項，對下屬往往具有很大的激勵作用。

我們希望下屬把工作做好，首先就要解決他的問題。下屬的問題，來自他的欲望，而欲望是不斷升高的，因此主管替下屬解決問題，也是水漲船高，好像永遠沒有終了。安人是普遍性的，安人之外的增強物，則比較屬於特殊性的，個別解決，才會產生不同的激勵。

主管站在下屬的立場來瞭解他的感受、要求和苦惱，下屬才能夠接受主管的關心，並且給予相當的回饋。有些人一想到「將心比心」，便認爲「要求對方的想法和我一致」，或者「放棄我的觀點以便接受對方的想法」。這兩種念頭都是不正確的。眞正的「將心比心」，乃是「和而不同」，瞭解他的感受，卻未必要接受他的感受。同情不一定同意，使雙方達到融和的一體，然後著手影響他。

主管認同並讚揚下屬良好的業績，下屬開始信賴主管，向主管伸出友誼之手，主管再給予適當的啓發或指點，下屬就會更進一步，貢獻出自己的心力。讚揚下屬的業績，不是讚揚他本人。人都是好的。好人能夠做好事，這好事值得讚揚，他會繼續去做，別人也會跟著做好事。

公正的晉升或調遷，是有效的激勵措施。關鍵在大家的認知，究竟是否公正？所以主持人的決定，才是眾人信服與否的焦點。大家認爲公正，就會產生很大的激勵作用。如果人爲不公正，再怎麼宣示和說明，也無濟於事。

說到做到，建立公司的信用最要緊，所以不能隨便說，也不能說太多，否則做不到的機率增大，對公司非常不利。人有情緒的起伏，需要及時的關懷來激勵。下屬的努力程度，與上司對他的關懷成正比。

主管時時自問：「怎麼才能打動下屬的心？」便是有效的關懷導向。關懷的表現，第一是把下屬當做人看待，不要把他看做機器或工具，當然也不是搖錢樹。其次是耐心傾聽，讓他把意見說出來，然後挑有理的部分加以讚美即使有批評或建議，也要夾在讚美的中間，使他樂於接受。第三，不要老是把公司的規定放在嘴巴上，使下屬覺得公司的規定比他還來得重要。主管把規定放在肚子裏，當做思慮、判斷的腹案，嘴上要儘量說情，該下屬覺得很有人情味，才會愉快地自願講理。關懷要及時，因爲逾時就沒有功效，而且要出乎眞誠，否則便是虛僞，也不能收到預期的鼓勵效果。

下屬對工作或工作環境有所不滿，或是升調不如意時，事前的溝通，顯得非常重要。依中國個人個性，事先溝通，是尊重他的表示，含有希望他自動講理的用意。最令人不滿的是，事先絲毫沒有訊息，突然間發布命令，使其措手不及，沒有時間找臺階下來，因爲覺得很沒有面子。

事先溝通無效，或者事情鬧成僵局，如果還有時間，就不要忙著決定，再進行溝通；

若是時間急迫，可以決定，但是事後仍舊要溝通，讓他比較有面子，他才會逐漸平息下來。事先事後所花費的時間，看起來是一種浪費，實際上相當有助益，把它看成心理建設，便知道不可大意。

制度是死的，人是活的——記住這一點，對於你的領導工作很有幫助。

為下屬著想

有的下屬有了不安卻不願表露出來，而是藏在心裏面，對此不細心的領導是察覺不到的。要消除他們的不安，作為領導你必須時刻為他們著想。

什麼是基於下屬本位的想法與行動呢？具體地說，仔細調查下屬對工作、部門及領導者期待的事項，然後傾全力對那些期待產生回應。由於能理解每個人的立場，所以不會出現不合理的期待。即使有，通常只要彼此互相溝通，就能瞭解那期待不合理的地方。如前所述，領導者如能傾力回應下屬的各種期待，則彼此間自然會產生信賴感。沒有人會因領導者實行自己所期待的行動而起反感的，對於能優先考慮自己的立場然後才採取行動的人，自然會產生好感，甚至還會昇華成信賴。

或許讀者會認為領導者似乎過於自我犧牲，但是，環顧塵世，這種以對方為本位的想法，才是成功的秘訣。例如，各公司銷售的根本想法是「顧客至上」。亦即儘量提供顧客所需要東西，以對方本位爲主的想法。而以往的銷售活動都是以「這是個好產品，所以應該能夠暢銷。」的自我中心思想爲主。兩者相較之下，前者的銷售成績自然遙遙領先。被譽為經營之神——松下電器產業的松下幸之助先生，也奉勸人們要有以對方本位為主的想法。他說：「為了使銷售成功，如何使顧客滿意的想法更勝於一切。」

觀看社會的百態，這種以對方爲本位的想法，不單是對領導權的提高有所助益，對工作的進展、公司的發展、以及我們的社會生活等，也都是不容忽視的關鍵。

一個領導如果能時刻做到爲下屬著想，下屬還有什麼不安於位的！

呼喚下屬的名字

作爲上司，不要老是用「喂」來呼喚下屬，否則久而久之，你會讓他感到不安的。最好是直接呼喚他的名字。

你或許會有這種經驗，當小孩出生時，雙親爲了希望他將來能成功、幸福，千挑百選地爲他命名。從懂事以來，這個一聽到就令人思親的名字，不知道被喚過多少回。歷經幾十年，由自己口中說出，手中寫出，大家都對自己的名字有種莫名的感情，自然會非常重視它。然而，如此重要的名字有時會被人寫錯，或是公司的上司無視它的存在，隨口「你來一下……」。被如此對待，沒有人會心情愉快的。

因此，領導者要正確地記住下屬的名字，呼喚他們時，不要「喂、你……」，務必要呼喚他的名字。而且盡可能親切地呼喚，這是掌握下屬情緒的第一步。

如下屬人數不多，所以不單只是熟記他的名字，盡可能連他本人的出生年月日或家人的事也能了若指掌。例如「張先生的兒子，明年就要考大學了」，等等，臨機應變地活用這些資料，以便能抓住下屬的心。

要想成爲卓越的領導者，你得將每個下屬都看成一個完整的、活生生的個人。開始時，不管你領導的團體有多大，在四處走動時，至少能叫得出每個人的名字。有人說凱撒大帝能叫得出他軍團裏成千上萬人的名字。他喊他們名字，然後他們爲他在作戰時賣命。

的確，你會希望你的下屬知道你的名字；反過來說，他們也是如此。記住你下屬的名字——因爲他們值得一記：因爲記住他們的名字，你才能進一步去瞭解他們。因此，假若你領導的是一個大團體，至少你應該知道下屬的名字，假若你領導的團體小，那你是再幸運不過的了！你可以知道得更多一點。你對他們知道得越多，越能清楚他們的長處和缺點。他們會更願意知道如何符合你和團體的需要與目標。

讓下屬忘掉不安

下屬有些不安，是難以一下子消除的，但你可以想方設法令他忘掉不安，例如給他一些有挑戰性的或有樂趣的工作讓他去完成等等。

把私人不快樂的事帶到辦公室，對自己、對工作及對同事均有害無益。不過，人畢竟是感情的動物，要完全忘掉不快是很難的。

主管應體諒下屬的不安情緒，做出有限度的容忍，但必須視乎情況而定。例如某下屬近日神不守舍，在工作上出現些錯誤，但每天仍然準時上班下班、又沒有時常稱病告假的，作爲主管者，應有一定的量度。皆因不快是可以用時間沖淡，況且該下屬仍以工作爲重，從不失誤。不過，如果遇上經常發脾氣，又稱病不上班，或時常遲到、無心工作的下屬，就必須加以引導，跟他談些人生的問題，有助於瞭解他心中的不快，然後將話題轉到責任問題，讓他的情緒容易適應。

年輕人是工商界明天的棟梁，能否給他們多一點關心，他們也懂得如何關心下一輩。現在工商界有一個惡性循環，就是上一輩冷落對待下一輩，下一輩掌權後施以報復，但同時又不懂得善待下一輩。這樣的惡性循環，使大部分辦公室均充斥著冷漠的風氣，沒有半點溫馨，職員的歸屬感也變得極低。

主管在適當時候爲下屬解決問題，用朋友的身份詢問下屬發生什麼事，細心聆聽、愼給意見；最重要的，是絕對保密，永不將下屬的私事轉告任何人，才能得到對方的信任，得以安心投入工作。

除了親切地呼喚下屬的名字，或視情況活用下屬家人的資料外，在什麼情況下還可製造抓住下屬心的機會呢？結論是只要有心，隨時都有機會。因爲我們的心隨著工作或身體等狀況，經常會產生變化，只要能敏銳地掌握下屬心理微妙的變化，適時地說出吻合當時狀態的話或採取行動，就能抓住下屬的心。

下屬的不安可大可小，小的並不礙事，大的卻會讓他做不好工作，感到苦悶，最後做出辭職或跳槽的舉動。領導者的責任就是在下屬的不安還小時把它消除、化解。因此，我們沒有必要懷疑「心理管理」的作用，應當切實關心下屬的內心世界和合理需要，挖掘潛能，爲企業多做貢獻。最大的付出贏得最多的回報。如果在心理上贏得下屬，就是最大的收效。

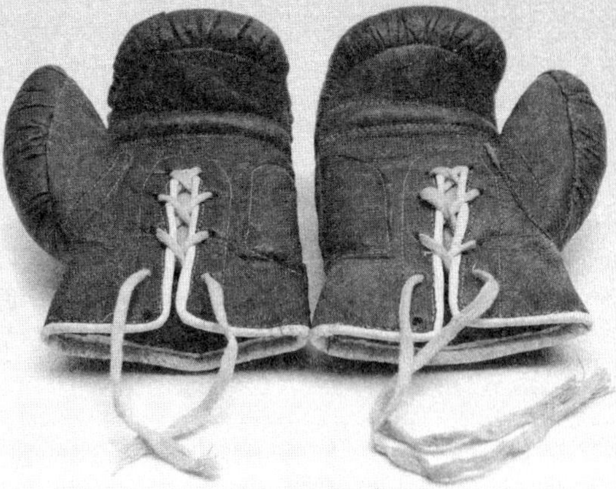

第十九招

溝通

善用溝通
消除隔閡

消除隔閡的方法是溝通，在溝通中理解，在溝通中達成一致，在溝通中管理與被管理。避免以權勢壓人、以說教服人。

一旦找到了打開某人心鎖的鑰匙，往往可以反覆用這把鑰匙去打開他的其他心鎖。

——美國職業培訓專家史蒂文·布朗

善用溝通打破隔閡

「人心隔肚皮，誰能看得清」，是描述人際關係隔閡現象的俗語。一般來講，領導者和下屬之間很容易產生隔閡，原因是距離。這個「距離」有身份之間的距離，能力之間的距離，還有領導者故意留下的空隙。第一、第二種距離是客觀的，不可改變的，但是第三種距離，完全可以通過領導者自身的努力縮短它，甚至讓它完全消失。

公司領導者的辦公室和下屬的工作室之間，大都隔著一堵牆；領導者和下屬隔牆對話，隔閡，就這樣產生了。

高明的領導人會拆掉這堵牆，主動走出辦公室和下屬面對面談話，拆掉實際上橫在他和下屬心靈之間的那堵「牆」。

如果你也是一個領導人或主管，切記不要和下屬隔牆對話，產生隔閡，而要和下屬多談心多溝通！

領導人每天都必須和下屬、上司、以及同一單位的人相處。爲什麼有些人顯得特別魅力十足，受到高度的歡迎和敬重，而其他的卻令人生厭，大家避之惟恐不及？成功和失敗的分野是什麼？爲什麼有些領導人能與夥伴們同心協力、共同奮鬥，成績總是令人欽羨而有些領導人卻常常爲表現平平而憂心喪志？

對深入研究組織領導的人來說，成功的領導人都有一個顯而易見的共同特色：卓越的溝通能力。

所謂成功的企業領袖，他們除了擁有豐富的專業知識、無限的潛力、願意冒險、勇於負責……等特質外，他們的所作所爲，都奠基於他們自身所擁有一套願意與所有的員工不斷「溝通」的管理哲學。他們十分瞭解溝通的重要性，無論在社交活動裏，在家庭中或在工作崗位上，他們經常盡情地發揮本身特有的與人「溝通」的藝術和能力，巧妙地得到別人對他們的喜愛、尊重、信任和共同的合作，從而開創了人生的豐功偉業。

身爲經理人的你，是很難靠一己之力，克盡職責的。你必須經常依賴他人的大力支持和合作，才能完成使命。因此，你本身成功與否，完全取決於你與團隊成員、上司、下屬與顧客「溝通順暢」的能耐和功夫。如果你能學習更多與人溝通的知識，並要求自己嚴加遵行的話，你一定也能夠和當今許多傑出的成功人士一樣，獲得成就。

只有多和下屬溝通才能打破隔閡，拉近領導和下屬之間的距離！

有效溝通的竅門

對於要多和下屬溝通這一個道理，其實很多領導者都明白，但卻無法重視起來。他們心裏想的是：溝通嘛，簡單，不就是多跟下屬拉拉手、拍拍他的肩膀？然而，溝通絕不是小菜一碟，更不是拍拍下屬的肩膀而已！

你想成爲眞正受人尊重的領導者嗎？有些管理者可能是天生的領袖人物，但絕大多數的人，在溝通方面的潛能，需要加以開發、培養和發展。建議你趕快再多花些時間、精力、學習和增強你與人溝通的態度、能力和方法。

「溝通」是一切成功的基石。要學會有效溝通，說穿了並沒有什麼特殊的竅門，只有五點最基本的觀念。以下是一些達到有效溝通的條件，對想要有效成爲溝通聖手的領導人特別有助益。

(1) **溝通永無止境**

任何時間、任何地點，你都可以和別人進行溝通。如果你要作得更好的話，建議你建立一個固定溝通的時間，並給每一位夥伴一對一溝通的機會，尤其當你是位高級管理人時，特別有效。記住，有效的溝通並不限於在辦公室內進行，任何與人會見的地方，只要時機適宜，就可以進行溝通。

(2) **溝通要有充分的時間**

當決定要和別人進行面對面溝通之前，最好先確定自己有足夠的時間，不會受到其他事情的干擾，以免良好的溝通氣氛、情緒因突發狀況發生而受到影響，讓對方誤認爲我們缺乏誠意。

(3) 溝通之前不妨儘量做好準備

當然，你不必針對每天都在進行的例行性或隨興式的談話特別做準備，不過，當你遇到了下列這些特殊情況時，就應做好萬全的準備。

①解釋公司的重大政策有了一百八十度的轉向。

②準備推動一項史無前例的改革方案。

③對於溝通對象的前途或權益有重大影響。

④宣示大家共同建立一種嶄新強而有力的企業文化。

建議你在溝通之前，先探討一下下面的各種問題。

①我想做的是什麼，目的為何？

②誰會接收到這訊息，會引發何種態度？

③他們對這件事情應該知道多少？

④溝通的時機是否合適？

⑤溝通的內容是什麼？我想表達的重點是否清楚？使用的語氣與辭句，是否恰當？

⑥細節資料是否足夠或會不會太多？訊息有沒有任何曖昧不清之處？

⑦要求對方採取的行動是否清楚？是否需要對方回饋？

⑧所提述的事實資料，有沒有經過求證？

⑨是什麼方式溝通最好？寫紙條、打電話還是當面晤談？

(4) 展現你有想建立信賴關係的言談舉止

你可以借著互相稱呼對方名字，來塑造開放、友善和輕鬆的氣氛；你可以把你辦公室的大門永遠敞開著，讓別人知道你眞正隨時願意接受別人和你溝通；你也可以用肢體語言表達你願意放下身份的誠意。總之，只要你願意，你可以想盡任何方法，讓對方對自己和對你有美好的感覺，你就贏在溝通的起跑點上了。

(5) 做一位好聽衆

有位經驗老到的溝通好手的建議相當詼諧又發人深省，他說：「溝通之道，貴在於先學少說話。」多聽少說，做一位好聽眾，處處表現出聆聽、願意接納對方的意見和想法的模樣。這時候，你會慢慢發現到對方也比較願意接納你，並且提供你所需要的答案和訊息，甚至把他的眞正想法告訴你，讓你一切事事順心如意。

一位成功的領導者必須經常花相當多的時間，和他的夥伴及上司作面對面的溝通時，最常被運用到的兩項能力：一是洗耳恭聽，另一項能力則是能說善道。

所謂「洗耳恭聽」，指的就是「傾聽」的能力，這是邁向溝通成功的第一步。至於

「能說善道」，則是「說服」的能力。當別人來跟你做當面的溝通，或者你主動與別人進行面對面的晤談，爭取夥伴支援你的計畫並爭取他們的通力合作時，你是否善於運用「傾聽」與「說話」的藝術、功夫，來達成你的目的呢？在談到這些原則、技巧之前，你不妨反覆思考政治家邱吉爾的一句金玉良言：「站起來發言需要勇氣，而坐下來傾聽，需要的也是勇氣。」

改善傾聽技巧，是溝通成功的出發點。上天賦予我們一根舌頭，卻賜給我們兩隻耳朵，所以我們從別人那兒聽到的話，可能比我們說出的話多兩倍。希臘聖哲這句話的用意，就是告訴我們要多聽少說。

溝通最難的部分不在如何把自己的意見、觀念說出來，而在如何聽出別人的心聲。

學會傾聽

要聽出下屬的心聲，就要學會並掌握傾聽的技巧。傾聽別人說話可說是有效溝通的第一個技巧。做一個永遠讓人信賴的領導人，這是個最簡單的方法。

「我認爲不能聽取下屬的意見，是管理人員最大的疏忽。」瑪琳凱・艾施在《瑪琳凱談人的管理》一書，曾對傾聽的影響，作了如此的說明。

瑪琳凱經營的企業能夠迅速發展成爲擁有二十萬名美容顧問的化妝品公司，其成功秘訣之一，是她相當、相當地重視每一個人的價值，而且很清楚瞭解員工眞正需要的不是金錢、地位，他們需要的是一位眞正能「傾聽」他們意見的領導者。因此，她嚴格要求自己，並且使所有的管理人員銘記這條金科玉律：傾聽，是最優先的事，絕對不可輕視傾聽的能力。現在，你應該瞭解到傾聽技巧好壞，足以影響一家公司變得平凡或偉大的道理何在了吧！

一位推銷員，畫龍點睛說出了他的成功之道：

「有人問我為什麼一直能保持佳績，月收入七位數字？我仔細分析過原因，我覺得所有的推銷員的企圖心和能力都在伯仲之間。只是，我在每一次拜訪的過程中，設法讓顧客說話的時間比我多出三、四倍以上，在面對面溝通時，我通常都扮演一位忠實的聽眾，也許這就是我贏過別人的地方吧！」

請想想看，你是世界上最好的聽眾嗎？你是否承諾自己要做一位更好的聽眾？其實，要想增進傾聽技巧，並不困難。以下十項簡單易行的方法，希望有助於增強你眞正的傾聽能力和技巧。

①首先，你要表現出很喜歡、很希望、很願意聽對方所講的內容。

②要有耐心，按捺住你表達自己的欲望、鼓勵對方淋漓盡致表達出來。

③要很專注地聽。不要被外在事物而分神，也不可因內在原因而分神。

④將對方的重點記錄下來，不過要看對方的立場、身份而定。

⑤應該避免幾個不良習慣：挑剔、存疑的眼神、不屑一聽的表情、坐立不安的模樣、插嘴。

⑥要反覆分析對方在說什麼，想想看有無言外之意，或弦外之音。

⑦設法把聽到的內容，和自己牽連在一起，從中找到有益的觀點、用途和建議。

⑧不妨在腦海中覆述你要利用的訊息、觀點，直到記清楚。

⑨多聽少說。記住「飯可以多吃，話不可多說」的道理，但不妨適時發問。

⑩不可遽下斷語。讓對方把話全部說完，再下結論。

如果你遵循上述各項建議，並確實設身處地爲對方著想，專心聽別人說話，你就成功了一半。接下來，你要進一步學習另一項重要的技巧——如何說服，如此，你的溝通能力才可以更上一層樓。

當你習慣了在下屬面前扮演一個傾聽者的角色，事實上你已經成功了一半。

感化下屬的方法

如果你的下屬對你的主動溝通有所疑慮，因而毫無反應，這時，你就必須說服，使他打消疑慮。畢竟，領導者和下屬之間的堅冰並不是那麼容易融化的。

說服是人與人溝通之中，一種相當不可思議的工具。如果你希望能和下屬相處融洽，並讓他們為你效命盡忠，你除了要瞭解如何下達命令、陳述傳達你的理念、目標和計畫之外，應該學會如何說服他人的基本策略和一些實用的技巧。

懂得如何說服下屬，它可以使彼此互相瞭解、親近，也可以使彼此合作、互助，凝聚出風雨同舟，眾志成城的巨大力量，你如果好好善加運用的話，一定會藉此得到更意味深長的團隊夥伴關係。

以下是四個可供你運用的說服策略：

(1) 投其所好

引出對方的興趣是成功說服的第一個步驟。「真心誠意對對方和他們所討論的主題有興趣的人，才有資格稱作優秀的領袖。」比爾．伯恩在其著作《富貴成習》一書中提出了上述的見解。

你必須在談話之前，透過調查來掌握對方的興趣所在。每個人都有自己的興趣、嗜好，若你起頭的重點和對方的趣味相合，一定會愈談愈沒有距離，一拍即合。因爲，你的目的是要說服別人，用對方最感興趣的措辭，提出自己的構想、建議，就比較有機會達到目的。

要成爲有技巧的溝通者，還要做一件事：運用你的肢體語言，讓對方知道你對他和他所表達的事物，興趣十足。譬如：點頭、向前傾身、面帶微笑……等等，都是很不錯的方法。

(2) 動之以情

情緒左右人類的行爲。在一本名爲：《如何駁動人們爲你效命》的書中，作者羅勃・康克林（Robert Conklin）說得好：如果你希望某人爲你做某些事，你就必須用感情，而不是智慧。談智慧可以刺激一個思想，而談感情卻能刺激他的行爲。如果你想發揮你的說服力，就必須好好處理一個人的感情問題。康克林提出了「動之以情」的方法，他說：「要溫和、要有耐心、要有說服力、要有體貼的心。意思就是說，你必須設身處地，爲人著想，揣測別人的感覺。」

請銘記在心：不要老是想到我的見解或觀點有那麼多可取之處，要先設身處地想一想，如果別人要說服你時，你重視人家要給你什麼的感覺；如果你知道要什麼，你就知道如何著手對別人動之以情了。

(3) 搔到癢處

說服別人並不是只有瞭解別人的感情而已，你對他的「瞭解」還無法改變他的觀念、調整他的態度，而贏得他的合作和支持，你須更進一步騷到他的癢處。當你開始陳述、說明你的意見、想法時，就應該抓住對方切身有關的事物。你要說動他，直接以他關心的「利益」和他立即溝通，你要眞正瞭解他需要什麼，他如果有困擾的事情，也要讓他知道你將如何有誠意幫他解決問題。

說服別人應該是幫助他們得其所欲。你的說服策略要擺在如何發掘、刺激並引爆他渴望追求的事物。至於如何探知對方的欲望，進而刺激其欲望呢？「詢問」是最簡單的方法。當你了解他關心的事物之後，並想辦法滿足他。

(4) 要有實證

你可以在說服時運用一些視覺器材，如投影機、幻燈片、影片、掛圖、模型、樣品等道具來強化你的內容。但是，比較高明的領導人都擅長用官方的統計資料、專家的研究報告、實例……等「具體的證據」來證實所言不虛。

一個證據勝過千言萬語。別人之所以不受你的影響，缺乏「證據」最常見到，也是最主要的原因之一。建議你，在說服別人之前，不妨先準備好各種適當的證據，在陳述解說過程裏，讓你的證據替你說話，他們必定會照你的建議、指示、計畫採取行動。

只有說服下屬，下屬才能完全拋開負擔，和你輕鬆地對話、溝通，否則，你和下屬之間始終存在著一些東西；換句話說，你們的溝通是不完全的。

如何跟下屬溝通

和下屬溝通要選擇最佳的時機和最好的方式——只有這樣，才能達到最好的效果。好的領導者能夠知道什麼時間與人溝通和怎樣與人溝通：

①當下屬處於低潮或特別脆弱，容易陷於精神崩潰的狀態時，要及時撫慰。

②偶爾放下手頭的工作和他交談，消除下屬的恐懼心理，使他暫時遠離手頭工作的煩惱。

③對失敗的下屬仍要交給他一些工作去做，否則他會覺得你已喪失對他的信任，這將傷害他的自尊心。但你可以不去催他完成這些工作，你要告訴他時間還很充裕，而且還要告訴他如果他在一個星期以後，還不能把你交給的工作完成，那麼他將會面臨被解僱或減薪的處罰。

④把已經完成的工作結果或是自己的工作想法擺在他面前，誠心誠意地聽一聽他的意見，這將對他極其有益。

⑤可以利用閒聊的時候（最好是只有你們兩個人）把你自己處於低潮時的情形講給他聽，對他說這種情形在所難免。

⑥當處在低迷狀態中的下屬體力、腦力和精神狀態都無法和正常情況相比時需要適時適度的激勵。

⑦以前他取得過很多成績，同事還不知道，你可以把這些成績提出來對他進行公開表揚。

溝通十戒有：

①對對方所談的主題沒有興趣。

②被對方的姿態所吸引而忽略了對方所講的內容。

③當聽到與自己意見不同的地方，就過分激動，以致不願再聽下去，對其餘資訊也就此忽略了。

④僅注意事實，而不肯注意原則和推論。

⑤過分重視條理而對講話欠缺條理的人的講話不夠重視。

⑥過多注意造作掩飾，而不重視真情實質。

⑦分心於別的事情，心不在焉。

⑧對較難的言辭不求甚解。

⑨當對方的言詞帶有感情時，則聽力分散。

⑩在聽別人講話時還思考別的問題，顧此失彼。

在活動中跟下屬溝通，常常能達到事半功倍的效果。不信，你試試？

德魯克在《卓有成效的管理者》一書中認爲有效的人際關係共有四項基本要求：互相溝通、共同合作、自我提高、培養他人。在此，不必要在懷疑「心理管理」的作用，至少用互相溝通的來消除人際隔膜，有助於企業管理工作的完善和提高。

溝通是一種可行的管理方法。這樣，可以避免以權勢壓人、以說教服人。因此，放下領導的架子，換掉領導的派頭，認眞和下屬及時溝通只能是有益無害。

把傲慢放在櫃子裏

傲慢型的上司要改變形象，必須多和下屬溝通，讓下屬知道自己並不是像他的想像中那麼傲慢，不可接近。這時候，要把傲慢放在櫃子裏。

在這個重視溝通的時代裏，一位好主管最需要磨練的溝通技巧是什麼呢？我們的答案是：如何善用身體語言，即無聲的溝通來表達自我、洞悉對方。

有證據顯示：人類平均一天只說了十一分鐘的話，其餘百分之九十九的時間，都在和他人進行身體語言的「無聲的溝通」。溝通專家華頓也有類似的說法。

在社交場合的談話中，大概只有三分之一的訊息是靠語言在傳遞，其餘的三分之二是由無聲的身體語言來傳送的。至於在較正式的工作溝通時，身體語言的表達至少也不會低於百分之五十的比例。總之，溝通在重視口語表示之外，更要懂得身體語言的溝通技巧。

「要達到上乘的人際溝通，除了要具備說話的技巧之外，眼神、個性、人緣還有你夠不夠坦誠，都是基本要素。」溝通訓練專家德克在《溝通藝術》一書中，明確點出了身體語言散發出來的資訊，也是溝通成功的關鍵因素。因此，當你和別人溝通時，千萬要留意自己的身體語言，否則，就算你口頭已傳達了正確的資訊，也無法將自己所要傳達的資訊全部準確送出。

你知道自己的身體語言溝通能力嗎？你不妨花三分鐘時間來完成下面的檢核表。

①我是否經常保持抬頭挺胸？
②我是否習慣雙手交叉抱胸？
③我是否經常以手指人？
④我是否講話時，手指不斷彈動？
⑤說話時，是否不斷揮動手？
⑥有沒有常撫弄頭髮或配件？

⑦講話或傾聽時，是否歪著腦袋？
⑧我和對話者是否保持適當的距離？
⑨我是否經常摸鬍鬚、摸下巴？
⑩我是否經常交叉腳踝、翹二郎腿？
⑪我是否經常慵懶地癱在椅子上？
⑫談話時，搓揉手掌？
⑬我是否說話時仰頭抬下巴？
⑭我是否常常雙手環抱身體？
⑮談話時是否會看著對方臉部？
⑯我的聲音平調無奇嗎？
⑰我是否經常說話支吾其詞？
⑱我的說話速度是否太慢？
⑲我在說話時是否用手捂住嘴巴？
⑳別人說話時，我是否用手指掏耳朵？

你意識到溝通時代來臨了嗎？你花了多少時間學習溝通課程呢？你知道你的溝通能力好到什麼程度呢？你知道你的溝通能力會對你的工作和人際關係產生多大的影響嗎？不管

你的答案如何，我給你一個最忠肯的建議：每一個月至少看一本有關溝通的書，聽一場有關溝通的演講，找一個最成功的主管向他請教「如何可以溝通的更好」的秘訣。

瞭解自己的長處和缺點，加強表現自我的能力，並把你的特質應用在各種溝通管道中，溝通就變得比你想像的還要容易。譬如說，你天生就有一副笑容可掬的笑臉、彬彬有禮或虛懷若谷，你就好好保持著隨時善用這些優點。

如果你說話時，很少把眼光的焦點擺在對方臉上，當你瞭解這個缺點之後，你就要耐心尋找正確的方法修正，一直到把這個壞毛病完全改掉爲止。假使你能不斷的改掉你的缺點，你會發現自己愈來愈受人歡迎，溝通也就變的更加容易得多了。

記住，人際溝通能力是靠你的口頭語言、肢體語言，以及關懷、誠意等特質，巧妙完善組合而成的，這些技巧、特質都可由不斷的學習、再學習，而成爲你一生中最重要的一項資產。只要你肯用心學習，你一定會成爲一位最棒的溝通者，在工作和生活上更加圓滿、更加成功。

不要總是炫耀過去

傲慢型的上司是無法和下屬溝通的，因爲誰也不會理睬你。

高明的上司從不傲慢待人，而是虛懷若谷，在下屬面前沒有架子，能聽得進每一個下屬的意見，和他們常常一起聊天、談心，增進溝通。相反，一個傲慢型的領導者，絕不是一個稱職的、高明的領導者！請切記：不要總是炫耀過去的身價。

許多人一開口，就喜歡以「我年輕時……」或「我當主管時……」等話，作爲吹噓的材料。他深知，對方絕不可能會有與他相同的經驗去加以證實。因此頗樂於此道。然而他忽略了一點，那就是別人在聽這些話時，一點也不覺得有趣，聆聽他人的失敗經驗，或許還能獲得「他山之石，可以攻錯」的效益，而聽一些自我誇飾的話，則是毫無所得。可笑的是，大企業中的主管人士，最容易犯這個毛病。

這種自我表現的欲望，不只是未成熟的年輕人才有，即使那些德高望重的年長者，也無可避免；公司裏的高級主管中，這類人爲數也不少。

一個眞正具有涵養的人，往往也是最謙虛的人。所謂「愈成熟的稻穗愈往下垂」，便是這個道理。傲慢的上司如果懂得這個道理，大概也就不會傲慢了。

第二十招

距離

遠了不親，近了不敬

沒有原則的交往常常私欲性很強，並且發生利益交易的事。因此，企業領導者無論在任何時候、任何地點都要堅持與下屬的交往原則，切忌昏頭昏腦、神志不清，否則後果不堪設想。

保持親密的重要方法，乃是保持適當的距離。正如刺蝟在天冷時彼此依靠取暖，但保持一定距離，以免互相刺傷。

——英國策劃學家杰姆斯·凱

沒有距離必招致失敗

對企業領導者而言，在一定原則指導下的相互往來有助於加深上下級之間的理解，有助於確定上下級之間的正常而平等的關係。企業領導者如果過分注重沒有原則的交往，往往導致庸俗的交往泛濫，這樣就會形成親疏遠近，給管理工作帶來許多矛盾和困難。這一點，應當切記，不可用交往替換原則，而在原則性上喪失領導者形象。在企業中，上司和下屬雖然同屬一個小團體，但彼此之間還得保持一定的距離。可是，有的領導者卻放棄了這段距離，使得他和下屬之間毫無分別，稱兄道弟，一派熱情景象。結果呢？命令沒人聽，工作沒人幹，他這個領導形同虛設，很快以被辭職，批評。這眞是做領導者的大失敗！

要想避免失敗，作爲領導者就必須始終和下屬之間保持一段距離。這段距離不能太長，太長產生隔閡；但也不能太短，太短則如同縱容下屬胡作非爲。

保持距離有時是很痛苦的，因爲你需要忍受孤獨。

隨著地位的提升，孤獨的原因，並不僅在於地位上的問題。所謂的幹部，在其工作的性質、心理上，都得與下屬保有某種程度的距離，這是職務調升後的必然情形。若是期望下屬把自己當做朋友一樣地對待，或是要下屬直截了當地表達自己所想的事情，那簡直是緣木求魚。

如果科長、處長強行把自己的辦公桌與一般的職員並排，勉強加入他們的聊天當中，不但沒什麼意義，反而造很大的弊害。因爲職員爲了解除上司在工作上付與的壓力，偶爾會放肆地說一些上司的壞話，以滿足心理上的欲求。因此，介入他們的閒談，反而會妨害他們的娛樂時間。

身爲領導者時常會面臨無法與下屬商量而必須自己解決的問題。隨著地位的提升，這些無法與下屬商量、必須自己單獨解決的事情，將會愈來愈多。

與下屬之間的距離，實屬必要。不過，如果距離過大，就會招致失敗。

別把手下當手足

我們通常用「手足情深」來形容兄弟之間深厚的感情，但是絕不能用它來形容上司和下屬之間親密的感情，作爲領導更不能在工作中實踐，視手下如手足——否則，必將上下不分，一塌糊塗！

當上下級關係良好時，你或許會將下屬視爲自己的弟妹，然而，這樣的一層關係非常脆弱，因爲你們可能會由於某件事（不管是公事或私事）有些許磨擦，進而演變成互揭瘡疤的窘況。

我們經常會遇到主張「用行動來教育下屬」的人。他們認爲最好的教育方式是使下屬看見自己拼命工作的情景。你擔心自己苦心經營的工作成果被他人奪走，故將所有技術情報占爲己有。你不會與客戶談及公司的事情、自己的專長是什麼、上司是誰，助手又有些什麼人，甚至連有事外出時，你也不會讓下屬幫你傳電話，更不會告訴下屬自己的工作進度。總之，你對工作有極高度的危機意識。所以，你對近在身旁，對你的行動了如指掌的下屬最有警戒心。

如果你是這種上司，你必會受到下屬的輕蔑。因此，即使內心感到不安，仍然要坦率地表達自己的立場：「我是你們的上司，你們若敢胡作非爲就試試看！」若能有如此的膽量，必能得到下屬的信賴。萬一自己的客戶被下屬搶走了，你就大方地讓給他，然後再去開發新的客戶。若你本身擁有此實力，就不需再爲瑣碎的事情而猜疑不決。

最重要的是，平時就應與下屬培養出良好的信賴關係，才不致受到下屬的背叛。與下屬建立和諧的信賴關係的必要條件是什麼呢？

首先，你的下屬必須能夠自由地陳述自己的意見。若你禁止下屬談論你厭惡的事情，或是對下屬的發言表現得十分冷淡，則下屬會逐漸變得沈默寡言。

第二，對下屬要眞心相待。若你平時皆是以誠處事，那麼對小細節就不必太在意。

毫無顧忌地談論自己的內心世界，會令對方感到不自在。因此，當你發言時，必須留心社會共通的理念以及人們應遵守的規則，同時在言語上也需有所修飾。

在有關「如何指揮下屬」的商業用書中，絕大多數的作者皆主張不得強迫下屬，並且承認下屬的存在意義，勿批評、貶低，要讚美等。讚美比批評來得輕鬆，而且容易得到效果。但是，過度讚美對下屬、公司都是有害無益的。那麼，要怎麼做呢？嬌縱姑息的褒獎界限又在哪裡呢？

那就是以「愛」和以尊重對待下屬，並適度的給予讚美。絕不能用策略或技巧獎勵下屬。不論他多麼令你失望，多加接觸後，必會發現他的可取之處。然後，再針對他的優點給予讚美。此即爲「讚美」的基本根源。

作爲領導，「愛」下屬一定要適度、適節，不要超出同事關係。

區別上下立場

領導和下屬之間無論多麼親密，他們的位置始終是不能變的：領導在上，下屬在下；上下顛倒只會招致失敗。

有時你以平和的口吻對下屬說話，對方卻誤以爲你在與他交換意見或開討論會。若下屬的年齡與你相仿，情況可能更加難以處理。甚至下屬會認爲你與他是平等的，你們只是朋友的關系。

你必須使下屬清楚區分你們之間的立場並不相同——我是官，你是兵。基於此，情緒性的發怒會有其正面的效果。你必須使對方瞭解「我是在生氣，是在責爲你」，或許這時你更需要一記相應的猛拳。如果你突然怒罵一位尚未習慣於被批評的下屬，則可能使對方覺得愕然。他會感到極端地害怕，甚至反抗：「這種公司，我待不下去。」

通常上司在責備下屬時，若下屬表示歉意，批評就會油然而止；若下屬始終保持沈默，或者淨是說些毫無道理的藉口，上司更會怒火中燒。一旦演變至此，上司的責罵會超越界限，永無休止。

當人們認眞地向對方興師問罪時，才會說出眞心話。批評者也好，被批評者也好，若雙方皆能以誠心來溝通，相信可以更加深彼此的理解程度，對於往後的一切事物，亦能產生相當大的助益。若你將此機會視爲仇恨或者無視其價値，則相當令人惋惜。

「雖然有些不放心，但是已經批評過，相信他應該能理解了！」當你有此念頭時，批評行爲便可打住。然後最好在一旁默默地觀察下屬的反應，再思考對策。

批評時，即使下屬沒有作適當的回應，你也不要生氣，也許他已經在反省，並且改善自己的工作態度。有時，下屬理解的程度，通常會超乎你的想象。

身為主管的你不要太鑽牛角尖，不要雞蛋裏挑骨頭嘮嘮叨叨說個沒完，這才是上策。當下屬沒大沒小，沒上沒下的時候，你一定要該批評就批評，不要再三容忍。

拒絕過分的要求

作為主管，難免會有下屬向你提出要求，有些要求是合理的，但有些則令人難以接受。此時要能夠明察秋毫，不要糊裏糊塗就答應，否則到時無法兌現，難免會遭致下屬的非議。

「以前另一個上司，他也說過同樣的話，他能夠做到承諾，而這個上司……」

「我們不再信任上司了，我們老是在受欺騙……」

被下屬這樣批評，作主管的內心一定很不舒服，假使真像他們所說這樣，那也難怪他們會懷恨在心了。對這些怨言，你唯一可做的，就是設法實現諾言，假使不能做到，也要使下屬瞭解你的困難所在。

「這是一個很難解決的問題，我已經在想辦法，你能否再靜待些時候。」

真心誠意的說明，下屬必會體諒你的。

有些下屬喜歡表現自己，卻苦無機會，於是便借著發牢騷，或向公司提出無理的要求，來找公司的麻煩。對這類人，則要給他一點警告，不可讓他肆無忌憚。例如，可請他人轉告：「有不滿的話，直接來跟我講。」或「你要是再亂批評公司，我就對你不客氣。」這樣，他勢必會收斂一些。

有時，下屬會對長官說出無分寸或得罪的話，這時切不可過於激動或生氣，也不要當耳旁風聽過就算了，一定要查出他說這些話的動機與背景。可能是因爲誤會或偏見，或者自己有疏忽、差錯之處，這些都要調查清楚，這是做一個主管，明辨是非的第一步。此外，對下屬的行事，也要做到謹愼爲是的原則，也就是說，對其言行舉止，不防偶爾做個抽樣調查，這並非是不信任，而是要提防他墮落，這一點是不可忽視的。

拒絕下屬的過分要求，可以被看做是一種暗示：不要跟我太近，否則……聰明的下屬，會做出明智的反應。

不要做老好人

領導者在下屬面前偶爾做做好人是應該也是必須的，但是不能老做好人，否則下屬就會肆無忌憚，胡做非爲！

有些主管認爲沒有必要與下屬過不去，也以爲反正是爲公司賺錢，自己沒有額外得益，何妨得過且過算了。

如果你是別人的上司，就不能爲了討好下屬而凡事得過且過。此舉除了會影響你的聲譽外，下屬根本不會放你在眼內。

對於工作素質，只求合乎標準，不求創新或突破；永遠跟著別人走，以爲只要不太過落後，就算是好成績。老闆若雇了這麼樣的下屬，準是倒了八輩子的楣。錢縱然是仍有點賺，但卻經不起時間和技術的考驗，很快就會被社會淘汰了。

凡事認眞，尤其是對於公事，抱著對事不對人的作風，務求下屬把工作做到最好、效率提升至最高，才是經得起任何考驗的上司。

一位領導者不能老是「做好人」。有時候你也必須責備和懲罰。假若你不這麼做，錯誤的事將接二連三的來。此外，你也等於告訴其他的人，不管工作成績或做事態度如何，你都不會在乎。當然，你都不在乎，下面的也會跟著你不在乎。

當你必須作責備時，記住要立即行之。另外你應該記住，責備是批評的一種。因此你應像我們在書中前面所討論過的，私下規勸。有時候你想罵人，也許經過深談以後，知道犯錯者有不得已的苦衷，那你根本就用不著再責備了。由於你在私下責備人，對你自己或者是別人都不會形成干擾。

假若你在盛怒的狀況下，你可告訴對方你在生氣，而且告訴他你爲什麼生氣。生氣是可以的，但千萬不要氣得失去控制。失去控制表示你已失去原來責備的目的。

當你要責備人時，你得謹記你要達成的目標。你不是要傷害別人、引起別人反感或是恐懼；而是要別人知道錯誤，謀求改進。瑪麗．凱責備人用的「三明治技巧」——在責備前後加上稱讚，是可行的方法之一。

好人難做——爲什麼難做？原因就是作爲領導者既不能不做好人，又不能老做好人。

恩威並用

一個高明的領導，總是能和下屬保持適當的距離，既不太遠，也不太近。要做到這一點，你必須恩威並用。

「科長，這一陣子連日的加班，大家都很累，我們大家去喝幾杯，提提神，怎麼樣？」像這種說法，似乎是替全體表示了意見，而事實上，只是這個下屬想揩科長的油，想從科長的交際費中，分一杯羹罷了！

只要稍微聰明的主管，就能夠輕易的識破這個心計，這些人不管他們要做什麼事，總會有冠冕堂皇的藉口，主管人員不能不稍加注意。

R公司的業務科長S，是從低階層爬上來的主管，因此，具有低階層人物特有的「囉唆」。凡大學畢業的年輕職員，往往是他找麻煩的對象。

「喂！這個書面請示像什麼，又不是小學生作文，你不知道請示書的規格嗎？真拿你沒辦法。你看，這個字是怎麼寫的？誰看得懂？叫我怎麼蓋章？」

有時，一說教就一兩個小時沒完沒了，只要找出一點小毛病，就不輕易放過。幸好這個S科長，頗懂得主管之道，罵過下屬之後，合適時給予一番安慰。

「不要嫌我囉唆，這都是因為我對你的期望很高，怎樣教都教不會的人，我根本就懶得囉唆。好了，這一陣子你比以前進步多了，好好幹吧！別讓我失望……今天晚上，我請你去喝一杯吧！」

「我講了不少次，每次你都能照我的意思做，我很高興，以後你還要更加努力……」

有道是：「恩威並用」，下屬不對的地方，固然應當責備，而對他表現優越之處，更不可抹殺，要適時給予獎勵，那麼下屬的內心才得以平衡。

恩威並用是高明的領導手段，用好了，不但能增加一個領導的威信，還能提高領導的親和力。

第二十一招

鑽探

只有知己知彼
才能和諧共處

所謂體察民情，深入下屬的內心世界，看他們的困難，聽他們的聲音，想他們的憂慮，辨他們的實事。才能做個解決實際問題的卓有成效的管理者。

切忌高高在上，閉目塞聽和不察下情，這是青春不老的秘方。

——美國達納公司總裁麥菲遜

當下屬抱怨你的時候

任勞任怨是企業領導者埋頭管理工作的寫照，大致有兩個方面必須說明：一是作爲企業領導者對下屬的失誤不能單憑埋怨了事，二是作爲企業領導者不應該對下屬的抱怨不過問、不解決。否則，你只能遭到更多的怨恨和指責。

被下屬抱怨也許是一件很正常的事，因爲一個主管往往要領導很多下屬，不可能面面俱到，一個疏忽，就會聽到來自下屬的抱怨的聲音。現在的問題是，對於下屬的抱怨你如何處理：是不理不睬，還是專心傾聽並著手改正錯誤（下屬的抱怨通常都是由領導者的錯誤造成的）？

不少領導者選擇了前者。結果，下屬的不滿越來越多，人數也愈來愈多，像洪水慢慢升高威脅著堤壩——最後這些領導者不是被老闆解僱，就是企業垮臺！

一個成功的企業領導人說：「聽取一個員工的抱怨和訴苦是居於管理位置的每位領導者義不容辭的責任，也可以說是最重要的責任。這是公司的最後一道防線。應該在這裏做最後的努力去滿足一個曾為公司出過力的不幸的員工的要求。如果我們不能滿足他的要求，他的抱怨很可能盡人皆知。應該努力做到所有的抱怨都在基層得到解決，這個人的頂頭上司應該說是最熟悉情況的人，他應該盡力為其做出一個令人滿意的解答。如果他感到有困難，他就應該找他的上司幫忙解決自己下屬的問題。在我們的工廠裏，每當有人來到我們的辦公室訴苦，我們就要求他的頂頭上司同他一起來。實際上，當問題不能在基層解決的時候，我們都希望上司主動帶那個員工來見我們。我們倒是歡迎那樣，然而，這畢竟還不是鐵板一塊的制度，有的時候也並不見效。這樣，我們的大門總是對任何有苦要訴的員工敞開著，不管是他自己來，或是同他的頂頭上司一起來。每當一個員工自己一個人來見我的時候，我通常都能告訴他毛病出在了哪裡。他的頂頭上司認為他太忙，或者認為沒有那麼大的必要去聽一個人的嘮叨。當不止一個人從同一個部門來告狀的時候，我就瞭解了真正的問題並不是在員工這一方面，問題的原因就在那個部門的頭頭身上，毛病就出在頭頭那裏。」

如果湊巧你是這個部門的頭頭，那麼從這時候開始，你的位置已經搖搖欲墜了！

做下屬的聽眾

獲得駕馭人的卓越能力的最快捷、最容易的方法之一就是用同情的心理，豎起耳朵傾聽他們的談話。要成爲一個好的聽眾，你必須學會什麼都能聽得進去，忘掉自己，要有耐心，要有關心，現在讓我們逐一討論這些問題：

(1) 要學會什麼都能聽得進去

當你聚精會神聽一個人講話的時候，你必須得把你自己的興趣放到一邊，把你自己的好惡隱藏起來，不要表現出任何偏見，至少暫時需要這樣。在聽人講話的幾分鐘時間裏，你必須將自己百分之百的注意力集中到對方身上，細心傾聽他所說的話，你必須發動起自己的全部精力和知覺聽人家講話，你能夠做到這一點，也必須做到這一點。

(2) 完全忘掉自己

如果你打算成功地運用這種技巧，你必須強迫你的自我讓路給別人的自我。

這一點對於一向以自我為中心的大多數人來說，一開始是比較困難的。但是，如果你想獲得卓越的駕馭人的能力，就一定不能以自我為中心，你必須訓練自己的意識，將強調自己的習慣向後移動一下，你必須暫時放棄想把自己放在一個眾人矚目的位置上的想法，而要讓別人佔據一會兒那個位置。如果付給你高薪讓你忘掉自己，花一些時間去聽別人講話怎麼樣?你肯定還能接受吧。

(3) 要有耐心

我知道有耐心也不是一件很容易的事，尤其是在你有急事要辦，可是某個人非要告訴你一些無關痛癢的事情的時候，更不容易耐住性子。

鍛練耐性傾聽的最好方法就是不批評人，不急於下斷語，不管你怎樣忙都不能這樣。

在你發表看法之前，最好是冷靜地思考一番，尤其是那些可能毀壞對方的自我意識、尊嚴和自尊心的事情，就更不能輕易下斷言。無用的批評從來都不是取得駕馭別人的卓越的能力的方法。

在大多數情況下，忍耐只不過是一種等待、觀察、傾聽、平心靜氣地袖手旁觀，直到你想幫助的這個人對自己的問題找出了答案。

(4) 要關心別人

爲什麼當其他一些更常用的方法都失敗了之後，嗜酒者互戒協會在幫助人方面卻獲得了成功呢？這就是因爲嗜酒者互戒協會裏的人，能聚精會神地傾聽求助者說話的緣故。他們在爲別人服務中完全忘掉了自己，充滿耐心又善解人意，從來不批評人。他們非常關心每個成員的生活福利。結果，他們確實在這些需要給予特殊幫助的人身上創造出了奇蹟。

如果你認爲能夠以犧牲別人爲代價，獲得駕馭人的卓越能力的話，或者不用關心那個人和那個人的生活福利也可以獲得駕馭人的卓越能力的話，那麼讓我馬上就告訴你：那是錯誤的想法，那是萬萬辦不到的。你的駕馭別人的卓越能力必須對別人有好處，否則你就不會有駕馭別人的能力。

所以，在你期望能夠獲得駕馭別人的卓越能力之前，必須得學會關心別人。如果你做不到眞正地關心那個人和他的個人福利，你的認眞傾聽、忘掉自己或者保持耐心就都變得沒用了。

關心別人是建立深厚而持久的人際關係的基礎的基礎，也是一切友誼的核心和獲得駕馭人的卓越能力的必經之路。

領會言外之意

在部分情況下，你從下屬的言談中學不到多少東西，但從他的所作所爲中卻能學到不少的東西。這就要求你要學會聽言外之意、弦外之音。你很清楚，他不說他討厭他的監工並不意味著他喜歡他。說話者並不總是怎麼想就怎麼說的。你不僅要觀察他說話的聲調的變化，還要觀察他音量的變化。常常你會發現，他的意思正好與他說的話相反，你要注意他的面部表情，他的儀態，他的姿勢，以及他雙手的動作，乃至全身的動作。要成爲一個優秀的聽眾，不僅需要你張開耳朵，還需睜開眼睛。

聽取一個人的抱怨是作爲管理人員或者執行人員的一份責任。要做好這個工作是需要很多技能和技巧的。一家電子公司的營銷主任李先生就具有這方面工作的技能和技巧，先聽聽他是怎麼說的：

「每當有一個怒氣衝衝的員工來到我這裏告狀的時候，我就會像接待一個重要人物那樣對待他。」他說，「我就會把他當做公司的董事長或者一個大股東來看待，我先請他坐下，使他感到很愜意，然後給他端上一杯咖啡。我儘量使他心平氣和下來。

等他平靜下來之後，我再讓他述說他的不平。我告訴他我一定會從頭到尾聽下去。我認真地聽他講話，從不打斷他的話。重要人物肯聽他說話，重要人物能以同情的心情聽他訴苦，這馬上使他感到莫大的安慰。當他講完之後，我就告訴他我完全理解他的心情，我說如果我是在他的那個位置，如果情況反轉過來，恐怕我也會有他那樣的感覺。

現在，我只透過認真聽他講話，透過告訴他我完全理解他的心情這麼簡單的做法，就使他消了一大半氣。這是他原來沒有想到的，也沒有做這種打算。他的心情平靜多了。他原本以為我不會站在他的立場上說話，肯定會形成對立的局面，可現在我竟然替他說話了。他本來打算和我吵一架，現在他發現吵不起來了。

接著，我問他在這件事上他需要我做什麼，這完全出乎他的預料之外，因為幾乎從來沒有一個管理人員問一個員工他能為他做點什麼，而總是他告訴員工去做什麼。我們不把我們的這種做法寫到我們的員工關係部的工作要求中，我們也不告訴一個來告狀的員工我們打算為他做些什麼，但我們都問他需要我們為他做什麼。聽我這麼一說，他反倒大吃一驚，連忙說：『喲，李先生，我真的不知道該怎麼說，我並沒有那個意思，我只是想來吐露我的難處，要個意見，並沒有想讓別人怎麼樣，你既然已經聽完了我的話，這也就足夠了，我已經滿意了。』

有時候也會有人告訴我他希望我們做什麼，但我發現一百次中有九十五次都是他們的要求比我們能夠提供給他們的低得多。當我給他們的多於他們的要求時，他們真的是感動得不得了，他們會真正感覺到公司或者管理部門的慷慨和善意。無論是哪種情形，他們都會十分滿意地離開我的辦公室，你看，他們自己就把自己的問題解決了。這樣，他們勢必會對最後結果感到完全滿意。說實在的，我的工作極其容易，所有需要我做的只是豎起兩隻耳朵聽，聽完之後我就問他需要我做什麼，他告訴我之後，我就幫助他得到他所需要的。」

李先生的這番話，對每一個領導者都是真正的金玉良言。

設立投訴方式

設立投訴程序的十二項指導原則：

(1) **你要做到平易近人**

這倒不是說你一定要與員工們十分親密，但你也不能對他們太冷淡和過於疏遠。無論如何不能使他們看見你的畏難情緒，更不能有怕和你交流的想法。

(2) **擺脫形式主義**

在投訴程式上要簡化，不要講求形式，不要搞一些繁瑣的規章制度，要用最短的時間弄清問題並加以解決。最好方法就是把投訴部門辦公室的大門對員工們敞開著。

(3) **要讓所有的員工都瞭解你的投訴程序**

(4) **幫助一個人表達出他的不滿**

有的時候會遇到這種情況，一個人雖有苦衷，但由於不善表達而出現困惑。如果他感覺到把一個問題說清楚說明白是需要一定口才的話，他會因爲知道缺乏這種能力而不想告狀了，甚至有什麼不滿意的事也就強忍下了。

(5) **不管什麼問題都得耐心地聽**

不管來告狀的人說的事情在你看來是多麼的微不足道，你都必須耐心而認眞地聽他講，他才能毫不保留地傾訴衷腸。

(6) **要有耐心**

如果你想做好投訴工作，耐心是絕對必要的。我知道你很忙，你有許多工作要做。但必須有耐心，一定要認眞聽完投訴者的話。如果你做不到這一點，他就會到工會那裏去投訴，下次你們再見面，無疑是對簿公堂了。

(7) **要問他需要你做什麼**

這是能使一次投訴變得對你有利的機會，這是一句改善管理者與勞工之間關係的一種具潤滑作用的話。

(8) 不要急於下斷語，也不要帶著有一定傾向性的斷語

即使你是管理人員，在做決定的時候也要多動腦筋，不要帶有管理工作的偏見，也不要做出任何倉促的決定或者不經過思考的斷語。如果你需要一些時間調查事實，那你就等調查清楚之後再發表意見。總之，一個明智的決定要比一個草率且不正確的決定更重要。

(9) 澄清事實

有的時候，你不能只聽一面之詞，還有必要聽一聽有關人員的看法。如果有這個必要，你就得去找有關人員澄清事實。這樣，你做出的決定才不會偏頗。

(10) 讓他知道你的決定是什麼

一旦你做出了決定，你就自己親自告訴他，讓他知道你的決定是什麼。如果你是透過某個秘書或者某個辦公室裏的辦事員轉告他的話，你就會給他留下你並沒有把這件事當成一件重要的事放在心上的印象。

(11) 檢查落實情況

問題解決以後，還要再檢查一下你的決定的落實情況，瞭解一下那個投訴人是不是完全滿意了。這種做法會使那個投訴人感到你還在關心他和他的問題。這種做法雖然很簡單，卻能為你贏得卓越的駕馭人的能力。

(12) **要關心別人**

如果你不能眞誠地關心一個人，如果你不想眞正地幫助他，如果你不認為自己應該這樣做的話，你鄭重其事地接待一個人，認眞耐心地聽取他的投訴，都會變得沒有什麼意義。我用不著告訴你如何使用這種技巧，因為要做到這一點，你必須眞誠，必須發自於內心深處。

當然，僅僅通過傾聽下屬的抱怨是不可能解決他們的所有問題的。但仔細傾聽他們的談話會有助於解決問題，至少改善他們對你的態度。

問出下屬的不滿

當不滿還在下屬的心裏醞釀的時候，如果你發現了某個預兆，你可以透過詢問瞭解到下屬的不滿並著手處理。這是一種防患於未然的高明作法。

要達到最佳效果，你的問題必須具備以下三大特點：

(1) **問題要能激發一個人的思維**

無論什麼時候，只要你對一個特定的事物詢問「誰、什麼、什麼時候、什麼地方、為什麼和怎麼樣」，那麼對方就不得不集中精力去思考以便能給出正確而具體的答復。如果問題是直接指向他的工作的某個部分時，情況就更是如此了。

(2) 問題要給對方一個表達他自己的思想的機會

透過提問題你可以發現你的下屬對工廠，對你的部門，對他的上司以及他們的同事持什麼態度，當然你得認眞地聽他講話。要想得到這些情況，你最好是讓他們談他們的工作，然後再談他們自己。

(3) 提問題是獲得準確情況的唯一可靠的方式

如果你想搞清一個人對某個問題的觀點，在你們的談話中你就要少談自己或者不談自己。最好常到有關專家那裏聽聽課，他們總能提出一些關鍵和要害的問題，而且他們也能做到認眞仔細地傾聽別人的回答。你還需要弄清一個問題的答案，就是直到他做最後報告的時候爲止，他在以什麼樣的方式講課，一旦當你工作起來你就要像一位專家那樣提問題和聽回答。爲了得到眞實情況，你還有必要在對方談話停頓的時候插問一些問題，誘導他的思路，讓他暢所欲言。

措辭恰當準確是問話藝術的關鍵，一句理想的問話一定會包括以下六點內容：

(1) 一句理想的問話一定有一個特殊的目的

你的問話是爲了達到一定目的而提問的。一句問話可能被用來強調一個重點，下一句問話可能被用來激發一種思想，第三句問話可能被用來喚起一種興趣，從而使對方的思維變得更加活躍。如果你問「還有什麼問題嗎？」就表示你在給對方澄清誤解和發表意見的機會。

(2)一個理想的問話誰都會聽得明白

你提問的用詞用句必須使用被提問者熟悉的語言和術語，問話中的詞句不會給他的理解造成什麼困難，必須得讓他們聽明白你想要幹什麼。

(3)一句理想的問話只強調一個重點

一次不要問兩個問題，也要避免問一些只有後面的問題先解決才能得到答案的問題。要把問題集中在一點上，不要分散你的火力。

(4)一句理想的問話要求一個明確的答覆

不要讓被問人欺騙了你，或者只給你一個含糊的回答，以致你什麼也沒有問出來，你必須首先聲明你的問題需要一個明確而具體的答覆。你得不到你所需要的答覆絕不能罷休。

(5)一句理想的問話要打消對方蒙混過關的念頭

在你的問話中不能流露這樣的詞句，致使聽話人可用想當然的方式回答你。他的回答一定要以事實爲根據，不能憑想象。當你需要他發表意見時，他的主觀思想也必須以客觀事實爲基礎。

(6)最理想的問題總應該問一句「爲什麼？」

「爲什麼」可以說出來，也可以暗示，但必須得讓對方明白，也必須得回答。如果一個人說「是」，你就問他爲什麼，如果他說「不是」，你也要問他爲什麼。如果他說他一貫都是用這種方法工作的，你也要問他爲什麼。這句只由三個字組成的問話是你可以隨時使用的最有潛力的一句問話，常常使用它，就會常常給你帶來利益。

詢問是一種主動化解下屬不滿的方式，如果下屬把不滿通過抱怨發洩出來，那時你則只能被動地應付了！

化解下屬的不滿

當你透過運用上述技巧使下屬心中的不滿煙消雲散之後，你會得到下面的好處：

(1)你將會更好地認識和瞭解每一個員工

當你更好地認識和瞭解每一個人之後，你不僅會發現什麼事情在煩擾著他，而且你也會發現什麼東西能眞正地轉變他。你能準確地知道他眞正的興趣所在，能夠知道用什麼方法鼓勵他爲你做好工作。

(2)當你能夠認眞聽取員工們說話時，他們就會變得更加喜歡你

能夠以同情加理解的表情傾聽別人說話，無疑是世界上可以用來和人搞好關係和建立永久性友誼的最爲有效的方法之一。

喜歡一個能夠注意聽自己講話的人是人類的一種天性。讓我來問你：你曾討厭過一個彬彬有禮傾聽你講話的人嗎？或者換一種方式說：你曾眞心實意喜歡過一個不聽你講話的人嗎？你明白我的意思了嗎？

(3)員工們將知道你對他們感興趣

我不知道還有什麼辦法比對一個人不加理睬或者對他的問題漠不關心能更快地趕走他了。同樣道理，如果你對他顯示出眞正的興趣，對他說的話表示關心，你就能把他吸引過來。

即使是最不愛說話的人，如果你能對他表現出那樣的興趣，他也會對你敞開心扉說話的。你要百分之百地集中精力聽他講話，把注意力集中在他身上，你要發動起自己的全部精神和知覺來聽他講話。

(4)如果你能認眞地聽他們講話，你就會發現他們眞正需要的東西是什麼

如果你肯拿出一定的時間去認眞地聽他們的講話，他們就會告訴你他們眞正需要的東西是什麼。這時你要忘掉自己，你只留心聽他們想從你身上得到什麼，不要去考慮你要從他們身上得到什麼。要把你的精力完全集中到他們想從你身上得到什麼，以及你能為他們做些什麼上去。

也許，還有其他你根本想都沒有想過的好處，如下屬突然在工作中煥發出比以前強百倍的興趣和熱情。

企業領導者一定充分掌握下屬大大小小的日常事情，理解下屬曲曲折折的心理活動，能給自己的管理找到「定心丸」。這條方法，千萬記得。

切忌用壓迫平息不滿

領導用壓迫的辦法平息下屬的不滿，好比以前的封建統治者用軍隊、用武力去鎮壓老百姓的反抗，其結果或許能平靜於一時，但封建統治的基礎，卻從此開始搖搖欲墜！

人生而有欲，只要有人的地方，就會有欲求不滿的情形，這是無庸諱言的事實。對企業界的經營者來說，如何處理欲求不滿的情形呢？

首先要確定一個基本觀念，整個經營的體制，要做到皆大歡喜幾乎是不可能的，有利於員工的事情，並不一定同時有利於經營的方針。而往往欲望一經滿足，便會產生心安理得的感覺，精神逐漸放鬆。再說，人是貪得無厭的動物，當一個需求獲得滿足後，另一個需求就會跟著出現。如此不斷循環，永無休止。

因此，對員工的需求，是無法做到一律滿足的。做主管者，也不必因而過分自責。不滿的滋生，多數是因工作人員情緒不穩定，以及與上司無法作正式的溝通，而與公司產生糾紛或芥蒂。所以，平息不滿最好的方法，就是穩定他們的情緒、尋找並解決謠言的原因、聆聽他們的意見，以及在可能的範圍內滿足他們的需求。

最忌諱的就是置之不理。剛開始，下屬也許只是單純的對上司個人的不滿，其後，會漸漸演變成對公司的不滿，最後很可能將整個不滿的情緒，擴大到公司的各個角落，甚至發生破壞、傷害等意外事件，這時後悔就來不及了。

還有一點必須明白的是——「不滿是進步的原動力」。由於對現狀的不滿，才會刺激新的轉變。作主管的，要善加利用這種情緒，不要愚蠢地去做強迫性的壓制。

用壓迫來平息下屬的不滿不但是愚蠢的，而且是致命的，其結果，和封建統治者的下場沒什麼兩樣。

第二十二招

舌戰

睿智的說話可以補充行動的不足

企業領導者不僅要能幹，而且要善說——把複雜的事情說得簡單，把枯燥的事情說得生動，把模糊的事情說得準確，把冰冷的事情說得火熱。一句話，一定要說到下屬的心坎去。

有一種人最擅長談吐，能夠把真的說得更真，把假的說得更假；也能夠把真的說成假的，把假的說成真的，這就是大師！

——美國談判大師享利·雅克

操縱舌頭是本事

領導不僅要能做，而且要會說——把複雜的事情要說得簡單，把枯燥的事情要說得生動，把模糊的事情說得準確，把冰冷的事情說得熱火。一句話，一定要說到下屬的心裏去。這是領導管好人的本事。你說，你能不操練好舌頭嗎？

假如你是一位博學多識、思想深邃的領導者，但無法把自己所思所想正確地表達出來，你的眞實才能往往也得不到展現，影響到你管理決策的正確實施和有力貫徹。談吐上水準低，也會對你的領導形象產生不良影響，不利於威信的建立。你與上級會面時，你給他最直接的印象就是你的談吐和外表，你在談吐上的優劣表現很可能成爲他是否會提升你的重要參考依據，這絕沒有誇張。

你是一位領導者，在言語表達上你不一定要成爲一名優秀的演說家。但是，爲了你的成功，你必須使自己向著一名標準演說家方向努力。

運用自如的口才，可以幫助你團結下屬、同事，獲得上級的賞識、信任，直至取得事業的成功。良好的領導口才將使你受益匪淺。作爲領導，優秀的口才對於資訊交流、情感溝通、建立廣泛友好的人際關係，發揮著舉足輕重的作用。

不善言辭表達的領導者，也許你的口訥，正在無形中影響著你自身的進步和發展。你切不可不以爲然，自甘放棄語言表達能力的提高，做一名默默無語者。否則，你的才華將被逐漸埋沒。

所以從現在起，立刻開始鍛練你的口才，磨練出一副鐵嘴皮吧！不要自卑於你天生嗓音不好，也不必羞恥於一時的拙嘴笨舌，更不要爲自己進步緩慢而灰心。只要你鍥而不捨、堅持不懈地在實踐中努力，就一定會擁有優秀的口才，到那時，你會感覺如虎添翼。

善言的舌頭是操練出來的，不是保養出來的。這是用舌頭管理下屬的功夫！

抓住中心說到底

一般來講，領導者說話總應該是有意圖的，這個意圖就是「中心」。一個能團結中心說話的領導者，下屬們的評價往往是誇讚不已。反之，下屬們就會認爲這位領導者的水準還不如他們呢！因此，領導者不管與什麼樣的下屬談話，都不能離譜。

每個領導者都會碰到與人個別談話的問題。有的人很會「談話」，不管什麼人，也不管多麼複雜的問題，經他一談就迎刃而解。有的人卻不會談話，甚至一談就崩，原本並不複雜的問題，經他一談反而複雜了。

這說明個別談話其實並不簡單。不同的談話對象和不同性質的談話，在語言運用上應該有所不同。談話對象個體之間的差別是很大的，不同的出身和經歷，不同的文化程度和性格，不同的年齡和性別等，都有不同的心態，而且影響著對外部事物的接受和理解。

一般地講，知識份子理性觀念較多，談話時道理應講得深，言辭文雅並注意邏輯性。文化水準較低的人理性觀念相對少些，談話時講道理應深入淺出注意多講些實實在在的事。性格開朗的人，喜歡快人快語，不喜歡拐彎抹角，與其談話可以開門見山，直截了當。性格內向的人，往往思想含蓄而深沈，與其談話不能過於直率。年紀大的人閱歷豐富，與其談話切忌說教。年輕人閱歷淺，有的涉世不深，談話時就應該多講些道理。

談話內容不同，談話的方法要有區別。

表彰性談話有人以爲最好談，其實不然。表彰在於產生良好的社會影響，因此談話要闡明表彰的理由，注意分寸，留有餘地，不能講過了頭，更不能把表彰變成吹捧，要引向更高的目標和層次，如果不引導，談話就沒有什麼意義。

批評性談話，也許是最難談的，只要方法得當，也可以變難爲易。要尊重對方人格，以誠待人。要輕「批」重「評」。批是指出所犯錯誤的性質，評是講道理重教育，啓發思想覺悟。如果只「批」不「評」，就會變成訓斥，被批評者不但難以認識錯誤，還可能因沒想通而發起脾氣。

此外，批評要力求準確，批評性談話最忌諱的是批評不準確，與事實不符最容易引起反感的對抗。所以批評性談話一定要把各方面的事實和情況搞清楚，說話要有根據。

點到為止見機智

有時候，領導者說話不能直來直去，要懂得迂迴、暗示的作用，這樣既沒有傷害下屬的自尊心，也沒有顯得自己的談話技巧單一，因爲和下屬之間的談話，有時候並不能說破、說穿，只要點到爲止即可。

暗示，也是一種駕馭術，這種駕馭術具有含蓄、間接的特點。老牛拉車，硬趕不行，就不妨兜個圈子，再把它引上路。巧妙地利用暗示，可使下屬積極地接受領導者的意志和命令，迅速行動。

①當領導者要向下屬傳達一種資訊，而這種資訊又只可意會不能言傳的時候，暗示便派上了用場。比如當下屬向領導者申訴住宿困難需要照顧時，領導者可以暗示，按照條件可以分到房子，但方案沒有最後敲定。

②當下屬和領導者交換資訊，這種資訊暫時需要保密而前後左右耳目為多，不

宜直接表達時，無聲的暗示，可解燃眉之急。

③告訴部屬，你已在上級面前替他擋過不少過失，使他心存感激而接受工作要求。

④故意放出風聲說，若是這次工作績效不佳，公司可能有人會被開除，使他因害怕而服從。

⑤先進一番道理給下屬聽，如年輕人眼光要放遠一點，應好好做事，然後再派工作給他。

運用暗示，要注意下屬的心理特點。一般來說，年齡小的，女性，獨立性較弱的人，更宜接受暗示。反之，那些獨立性較強的人，暗示的效用則小些。領導者須根據不同對象，採取不同的暗示語。把什麼事都說的明白，並非最高明的談話。要知道，暗示性的話既可以是矛，也可以是盾。

「話匣子」不宜亂放

領導者說話的場合很多，主要有：自己人的場合與外邊人的場合，正式的場合與非正式的場合，莊重的場合與隨便的場合，喜慶的場合與悲傷的場合，多說的場合與少說的場合。什麼時候打開和關閉「話匣子」，是一種永遠顛覆不破的眞理！

有時候，你在某個會議上發言時，聽眾態度冷淡，對你的發言毫無興趣，甚至呵欠連天。這可能是你的發言內容比較乏味，講話的方式不生動所造成的。發現這些情況之後，你不必著急，可以做一下適當的調整和轉換，使自己的語言表達能吸引眾人。

不過，這種調和轉換要力求自然，不能猛然增大自己的音量，也不能突然間轉換話題，要有一個過渡。你可以連繫發言內容，講一個有趣的故事或逗趣的笑話，大家一樂，注意力也就被吸引了。大家都明白、都聽膩了的條條框框的套話，你要儘量壓縮掉，無關緊要的話也最好刪除，做到簡潔有力。這樣會議開得既短又有效，大家就不至於睡著了。

有時候，大家不但不聽你的發言，還會交頭接耳，甚至大聲喧嘩起來，會議室中亂成一片。那麼，你就必須採取一定方法，使眾人安靜下來。大聲的喝斥可能會收到立竿見影的效果。但是，大家見你動了肝火，你下面的發言他們肯定聽不到心裏去了。一、二分鐘的停止發言，表情平靜安詳地環視一下會場，或淡淡地向大家笑一下，聽眾就會知趣地停止下面的交談。接著，你就可以繼續發言了。

你發言時，一個到會者會突然將茶杯碰到地上，而且灑了一身茶水。於是，會議室一下子便熱鬧起來，你也要趕快用兩三句話把會場氣氛安定下來，以便會議的正常進行。

在領導者的發言中，掌聲是最常用的調味劑。領導者的發言非常成功，更會受到聽眾的熱烈歡迎和掌聲，這是雙方產生共鳴的表現。

發言中，你一句振奮人心的話語引起了聽眾長時間掌聲。那麼，爲了不影響表達內容，你的發言可以稍微停一下，等大家都安靜下來後，你再繼續發言。

發言結束時，面對聽眾的掌聲你要站起身，禮貌地點頭向大家微笑，以表示對聽眾的感謝。對聽者的掌聲不要無動於衷，沒有表情。

有些掌聲，你可以聽出並不是在鼓勵你，而是對你的講話有意見。你應該立即回想一下剛才講過的話，及時發現其中的不當，不失時機地加以改正，調整內容，以免讓聽眾起鬨。的確，領導者失言是拙劣的表演，要做到這一點，就要防止別人用誘人的謊言引逗你，包括酒和色。

說「滿」、說「死」無退路

領導者說話，尤其是在表態的時候，要靈活機動，切忌一味地說「滿」、說「死」，防止自己沒有退路，這樣也有利於對下屬採取彈性政策。

實際工作中，領導者需經常表態，對於下屬來說，表態則可能是指示、要求，也可能被認爲是對某事的定論。因此，領導者的表態絕不可隨心所欲。表態要有根有據，既不做老好人，又不無謂得罪人。其角色地位決定了領導者必須持重練達，不論講什麼話表什麼態，不能超越一定的原則限度，無原則地肯定或否定。

有的領導者遇到矛盾衝突和棘手之事，能推則推，需要表態時，也是「慢開口」，該表的態不表，不該表的態卻表。有時爲了一己私利取悅於人，放棄責任，甚至貶低別人抬高自己，傳播小道消息，洩漏機密等等。凡此種種都是不對的。

領導者在表態之前應做到：必須清楚瞭解問題的眞正含義和問話的眞正意圖，設法獲得足夠的思考時間，考慮好是直接表態，還是委婉表態，對不值得表態的問題，不必表態。表態時，應做到因事因人而異。對關係複雜，不宜把握的問題，領導者應委婉地表態。

古人云：「事之難易，不在大小，務在知時。」就是講火候分寸問題。掌握「尺度」，講究「分寸」，做到語言準確，態度誠懇。

尺度感、分寸感，能夠體現領導者的領導藝術水準。表態應講究尺度、分寸，達到「適度」。適度程度越佳，表態的效果就越好，達到最佳適度就能獲得最好效果。領導者與被領導者之間的關係，既有雙方情感的交流、情緒的感染，又有雙方心理關係上一定色彩的凝結，只有態度誠懇，領導者的表態才會對下屬產生指導、激勵作用。

可以看出，企業領導不把話說「滿」、說「死」，是一種操練舌頭的靈活戰術，雖然表面看，略顯圓滑，但是，能夠維護企業自身的利益，可以是一種常用的「外交語言」！

國家圖書館出版品預行編目資料

管人高手 22 招／悟心編著 .—— 二版 .——臺中市 ：好讀 , 2010.01
面： 公分，——（商戰智慧；04）

ISBN 978-986-178-142-6（平裝）

1. 人事管理

494.3 98022729

好讀出版

商戰智慧 04

管人高手 22 招

編　　著／悟心
總 編 輯／鄧茵茵
文字編輯／葉孟慈、莊銘桓
美術編輯／謝靜宜、賴怡君
內頁設計／鄭年亨
發 行 所／好讀出版有限公司
台中市 407 西屯區何厝里 19 鄰大有街 13 號
TEL:04-23157795　FAX:04-23144188
http://howdo.morningstar.com.tw
（如對本書編輯或內容有意見，請來電或上網告訴我們）
法律顧問／甘龍強律師

戶名：知己圖書股份有限公司
劃撥專線：15062393
服務專線：04-23595819 轉 230
傳真專線：04-23597123
E-mail：service@morningstar.com.tw
如需詳細出版書目、訂書、歡迎洽詢
晨星網路書店 http://www.morningstar.com.tw

印刷／上好印刷股份有限公司 TEL:04-23150280
初版／西元 2001 年 7 月
二版／西元 2010 年 1 月 15 日
二版十刷／西元 2014 年 12 月 20 日
定價：250 元
如有破損或裝訂錯誤，請寄回台中市 407 工業區 30 路 1 號更換（好讀倉儲部收）

Published by How-Do Publishing Co., Ltd.
2010 Printed in Taiwan

ISBN 978-986-178-142-6

讀者回函

只要寄回本回函，就能不定時收到晨星出版集團最新電子報及相關優惠活動訊息，並有機會參加抽獎，獲得贈書。因此有電子信箱的讀者，千萬別吝於寫上你的信箱地址

書名：管人高手 22 招

姓名：______________ 性別：□男 □女 生日：____年____月____日

教育程度：_________________________

職業：□學生 □教師 □一般職員 □企業主管

□家庭主婦 □自由業 □醫護 □軍警 □其他_______________________

電子郵件信箱（e-mail）：________________________ 電話：_________________

聯絡地址：□□□ ____

你怎麼發現這本書的？

□書店 □網路書店（哪一個？）___________________ □朋友推薦 □學校選書

□報章雜誌報導 □其他____

買這本書的原因是：____

□內容題材深得我心 □價格便宜 □封面與內頁設計很優 □其他_____________

你對這本書還有其他意見嗎？請通通告訴我們：

____

你買過幾本好讀的書？（不包括現在這一本）

□沒買過 □ 1 ～ 5 本 □ 6 ～ 10 本 □ 11 ～ 20 本 □太多了

你希望能如何得到更多好讀的出版訊息？

□常寄電子報 □網站常常更新 □常在報章雜誌上看到好讀新書消息

□我有更棒的想法____

最後請推薦五個閱讀同好的姓名與 E-mail，讓他們也能收到好讀的近期書訊：

1. ____

2. ____

3. ____

4. ____

5. ____

我們確實接收到你對好讀的心意了，再次感謝你抽空填寫這份回函

請有空時上網或來信與我們交換意見，好讀出版有限公司編輯部同仁感謝你！

好讀的部落格：http://howdo.morningstar.com.tw/

請填妥後對折黏貼，直接投郵即可，無須貼郵票。

廣告回函
台灣中區郵政管理局
登記證第 3877 號
免貼郵票

好讀出版有限公司　編輯部收

407 台中市西屯區何厝里大有街 13 號
電話：04-23157795-6　傳真：04-23144188

沿虛線對折

購買好讀出版書籍的方法：

一、先請你上晨星網路書店http://www.morningstar.com.tw檢索書目
　　或直接在網上購買
二、以郵政劃撥購書：帳號15060393 戶名：知己圖書股份有限公司
　　並在通信欄中註明你想買的書名與數量
三、大量訂購者可直接以客服專線洽詢，有專人爲您服務：
　　客服專線：04-23595819轉230 傳眞：04-23597123
四、客服信箱：service@morningstar.com.tw

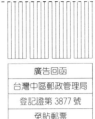